门玉琢　于海波　著

车辆性能
仿真优化与强化试验方法

CHELIANG XINGNENG

FANGZHEN YOUHUA YU QIANGHUA SHIYAN FANGFA

内 容 提 要

本书基于虚拟样机技术建立了车辆ADAMS模型，通过模型仿真与试验结果对比，验证了所建模型的正确性。提出了数字化汽车试验场三维数字化试验路面的构建方法，并利用数字化路面，对关键总成部件进行了疲劳仿真研究。从试验场试验与可靠性仿真试验不同的优良性出发，合理设计试验方案，避免了以往可靠性试验存在的不足。

本书可作为高等院校车辆工程专业本科生及车辆动力学仿真、汽车可靠性工程、疲劳耐久性等领域研究生的参数书，也可供从事汽车可靠性与耐久性试验研究、动力学仿真建模等方面的相关技术人员学习与参考。

图书在版编目(CIP)数据

车辆性能仿真优化与强化试验方法 / 门玉琢，于海波著. —北京 ：人民交通出版社，2012.9

ISBN 978-7-114-09964-9

Ⅰ.①车… Ⅱ.①门… ②于… Ⅲ.①汽车—性能—仿真—最优化算法 ②汽车—性能试验 Ⅳ.①U461

中国版本图书馆CIP数据核字(2012)第174104号

书　　名：车辆性能仿真优化与强化试验方法
著 作 者：门玉琢　于海波
责任编辑：夏　韡
出版发行：人民交通出版社
地　　址：(100011)北京市朝阳区安定门外外馆斜街3号
网　　址：http://www.ccpress.com.cn
销售电话：(010)59757969、59757973
总 经 销：人民交通出版社发行部
经　　销：各地新华书店
印　　刷：北京市密东印刷有限公司
开　　本：720×960　1/16
印　　张：12.25
字　　数：219千
版　　次：2012年9月　第1版
印　　次：2012年9月　第1次印刷
书　　号：ISBN 978-7-114-09964-9
定　　价：25.00元
(有印刷、装订质量问题的图书由本社负责调换)

本书针对某型车辆的行驶特点及传统汽车试验场可靠性试验技术存在的问题,基于虚拟样机技术建立了完整的悬架系统模型,对悬架特性参数进行了优化计算。通过模型的仿真,对整车虚拟机模型的正确性进行了验证。提出了数字化汽车试验场三维数字化可靠性试验路面的构建方法,进行了数字化试验场整车可靠性访真分析。利用建立的典型数字化试验场可靠性数字路面,对整车中关键总成部件进行疲劳可靠性仿真研究。建立了横摆角速度神经网络阻尼控制模型,通过控制悬架阻尼来抑制汽车过度转向行为。对比分析试验场耐久路与用户路面试验车辆和对标车辆后轴的疲劳损伤,重点计算了试验场搓板路对车辆的损伤。利用MTS 六通道耦合系统对试验车辆和对标车辆进行了振动模态扫频,通过振动扫频对比分析了试验车辆和对标车辆后轴与车身振动频率的差异原因。

本书提出了一种汽车可靠性虚拟仿真新方法,该方法从试验场试验与可靠性仿真试验不同的优良性出发,建立试验场与可靠性仿真试验结合数字模型,合理地设计试验方案、科学处理试验数据,避免了以往可靠性试验存在的不足。根据载荷分布矩阵及疲劳累积损伤相等原理,建立了动力传动系相关数学模型,优化计算了雨流矩阵载荷谱相同条件下的试验场耐久路试验工况与试验方法,对试验场可靠性试验耐久路面比例进行了科学匹配。应用威尔分布参数估计值及 Miner 线性累积损伤法则,计算出用户平坦、中等不平和极端不平三种典型路面汽车承载系构件的 B_{10} 疲劳寿命里程,通过 Monte-Carlo 仿真,获得了承载系构件的 90%用户目标里程。

本书第 1 章～第 8 章,第 9 章第 1、2、3 节由长春工程学院门玉琢编写,第 9 章第 4、5、6、7 节由中国一汽技术中心于海波编写。在编写中作者参考了一些国内外资料,限于篇幅,在参考文献目录中只列出其中的一部分,在此谨向所有文献的作者深表谢意。

由于作者的知识水平有限,本书难免有不妥和错漏之处,诚恳欢迎使用本书的师生和广大读者不吝指正。

编　者

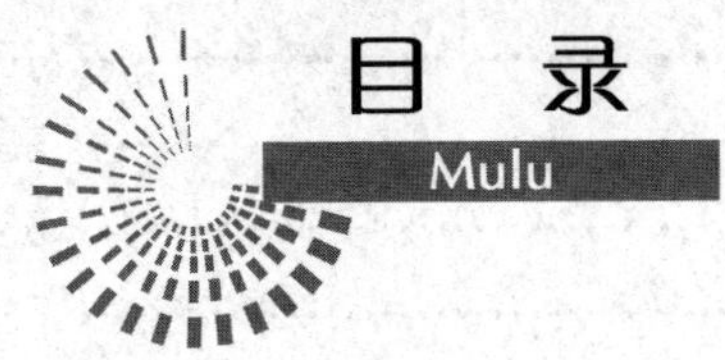
目 录
Mulu

9.3.1　发动机激励频率 …… 169

第1章　车辆虚拟样机技术与可靠性试验

1.1　研究目的及意义

随着我国汽车工业技术的高速发展和消费者权益保护意识的增强,汽车性能及零部件的可靠性得到业界的广泛重视,并为此开展了深入研究。为了全面提高汽车产品的性能及可靠性水平,在汽车产品研发过程中,不仅要了解汽车系统及其零部件的疲劳失效情况,取得其可靠性资料与数据,还要进行大量的汽车可靠性试验。科学地分析可靠性试验结果,从而能为车辆的设计与研究工作提供可靠准确并有效的数据资料。通过汽车的可靠性试验研究,分析疲劳失效的原因,制定并采取相关的措施,以达到提高技术水平与车辆质量的目的。

汽车可靠性试验环境是一个复杂、多元的巨系统,影响因素众多。随着车辆剧增,可靠性试验方法已成为国内外研究的热点。本书以疲劳累积损伤理论为基础,应用雨流计数方法对汽车承载系各总成零部件进行用户关联性疲劳累积损伤研究,以获得试验场路面的加速系数并据此制定可靠性试验规范,使车辆在投入到用户使用之前就能暴露并解决所存在的问题。研究成果具有重要的学术意义及应用前景,能为汽车设计人员提供设计准则,也可为制定试验场可靠性试验规范提供依据。

1.2　国内外研究现状

国外对汽车可靠性的研究起步较早,早在20世纪60年代,随着空间科学和宇航技术的发展,对可靠性的研究已经由电子、航空航天、核能等尖端工业部门扩展到了电力、机械、动力、土木等一般工业部门。对机械产品,尤其是大批量生产的汽车产品的可靠性研究也已成为重要的研究领域。当时福特汽车公司就投资几百万美元建立了汽车可靠性研究所作为可靠性试验中心,该中心以底盘系统的试验为主,装备有100台以上的试验设备进行模拟道路试验,利用自动控制器进行加速寿命试验,测定产品的可靠性。在20世纪七八十年代,美国消费者在肯尼迪消费者保护政策的支持下,对汽车产品提出了大量的产品责任问题。产品责任问题使得汽车制造企业高度重视产品责任预防工作,而可靠性技术正是解决这一问题的重要手段。进入20世纪90年代以来,研究人员在汽车零部件的疲劳可靠性方面进行了较深入有效的研究：R. L. Rider 介绍了利用疲劳可靠性理论结合零部件的材料特性、几何形状和载荷形式进行零部件设计的方法；Hair N. Agrawal 应用 ADAMS 软件，从疲劳寿命预测的角度分析了汽车车身结构的耐久性。

可靠性设计、可靠性增长、可靠性评价、可靠性管理、失效模式与后果分析(FMECA)等，都在美国和欧洲的汽车行业内得到广泛应用。John Hollenbeck 以汽车电子控制模块在汽车上的应用为例，讨论了 FMECA 技术在汽车产品开发中的准备与实施方法；H. J. Bajaria 提出以可靠性、维修性、安全性和人因可靠性为设计目标是满足消费者和政府对汽车产品日益严格要求的有效途径；W. Hanes 利用 Duane 的可靠性增长模型，分析了汽车产品研发期间内的可靠性增长规律。正因为各汽车生产厂家对汽车可靠性的高度重视，汽车产品的可靠性水平在这一阶段也取得了很大的发展。美国的通用、克莱斯勒，德国的大众及日本丰田的汽车保用期从 3 个月或 6000km 提高到 12 个月或 2 万 km。目前，国外的先进汽车企业愈来愈重视汽车可靠性问题，并建立了从设计到使用服务的一整套可靠性管理体系，千方百计地提高汽车的可靠性，汽车可靠性已经成为其产品在市场竞争中取胜的最主要因素。

我国汽车工业可靠性研究工作相对而言发展缓慢，真正对汽车产品进行可靠性研究是从 20 世纪 80 年代开始的。1983 年 6 月中国第一汽车制造厂首次举办了汽车可靠性理论学习班，接着在 1983 年 11 月中国汽车工业总公司又举办了汽车可靠性基础知识的学习班。1983 年 8 月在天津召开了汽车可靠性工作会议，会上决定开展汽车可靠性理论的课题研究，并且正式颁布了汽车可靠性试验方法、汽车发动机台架耐久性试验方法等国家标准。1983～1984 年，汽车行业组织了规模空前的汽车可靠性试验，试验车辆数为 53 辆，试验总里程为 36 万 km。1986 年 10 月召开了汽车可靠性专业委员会第二届年会，会议决定组织人力、物力对汽车可靠性进行深入研究，争取尽快地使汽车可靠性水平有较大的提高。同时拟出了研究内容、汽车故障树、汽车可靠性标准体系、汽车可靠性设计、汽车可靠性增长等。目前国产载货汽车的平均故障间隔里程(MTBF)为 2000～3000km，而国外汽车的 MTBF 为 1 万～1.5 万 km，大型客车差距更大。全国 56 种车型 108 辆样车的统检结果显示，平均首次故障里程只有 1790.40km，平均故障间隔里程只有 1534.09km，累计故障超过 100 个的有：发动机、传动系和电气系统。而国外客车首次故障里程大都在 1.5 万～2 万 km，平均故障间隔里程在 1 万～1.7 万 km。随着我国实施《汽车产品召回管理规定(草案)》，各厂家对汽车可靠性越来越重视，国家也对各大汽车厂家给予了相应的指导。2002 年初，国家经济贸易委员会生产政策司下发了《关于开展汽车产品可靠性试验管理改革研究》文件，要求各大汽车公司建立本企业的可靠性保证体系，特别要对汽车可靠性试验进行研究，进而制定可靠性试验规范。

1.3 研究方法

1.3.1 车辆虚拟样机仿真

传统的产品开发过程一般需经过概念设计、方案设计、细部设计、试验场试验、样机生产、批量生产等诸多阶段，产品上市周期长。设计人员的初期设计仅停留在图纸上，不能预见物理样机加工出来后可能出现的问题。因此到了产品的试验阶段，许多未发现的问题被暴露出来。设计人员进行改进后，再重新加工，重复上述的过程。从设计、试制、试验、改进到最后的投产，花费了大量的人力、物力和财力，但结果却不能尽如人意。这与现代市场对产品的需求很不适应，如何提高初次设计的成功率是传统设计方法的一个难题。

虚拟样机技术是一种崭新的产品开发方法，它是一种基于产品计算机仿真模型的数字化设计方法。这种开发技术以计算机仿真和建模为依托，融合了智能化设计技术、并行工程、仿真工程和网络技术等，其最终目标是在产品的物理样机制造加工前对产品的使用性能、可制造性等进行预测，从而对设计方案进行评估和优化，以达到产品的最优化。虚拟样机技术应用在产品的设计和开发过程中，将分散的零部件设计和分析技术揉和在一起，在计算机上建立出产品的整体模型，并针对该产品在投入使用后的各种工况进行仿真分析，预测产品的整体性能，进而改进产品设计，提高产品的性能。它能在产品开发设计阶段对模拟样机进行数值仿真与结构优化、缩短设计周期、降低设计成本、在物理样机产生之前预先评估设计质量和功效，是现代机械设计系统和设计技术的关键。

虚拟产品开发与现实产品开发有一定的对应性，虚拟样机的设计方法与传统的设计方法相比具有以下优点：虚拟产品开发消耗物质资源和能源很少，可以在设计的初期确定关键的设计参数，在产品投产前对产品的实现方案进行评估和优化，提高了产品实现的可行性，使产品初次设计图纸的一次有效率得到提高。由于大大简化了物理测试试验的过程，可以大幅度降低产品的开发成本。虚拟样机的设计方法比传统的设计方法缩短了产品上市周期，提高了产品的质量，节省了研发费用。虚拟样机技术问世后，得到了科研机构和众多厂家的高度重视，并将虚拟样机技术引入到各自的产品开发设计中，取得了很好的经济效益。

1.3.2 VPG技术

随着车辆仿真计算内容的不断深入发展，数字化试验场（Virtual Proving

Ground，VPG）的概念也应运而生。目前国际上有关 VPG 技术正在发展中，ETA 公司推出了其商业软件 VPG，提供了标准典型的路面模型，如交替摆动路面、槽形路、鹅卵石路、大扭曲路、波纹路、搓板路等。英国 MIRA 汽车试验场正式宣布建立了 MIRA VPG。但这些研究内容都是在国外试验场的基础上得到的，不可能在国内找到相对应的试验路面。由于不同国家的路面条件和汽车的使用条件各不相同，研究建立适合我国试验场的数字化试验路面才有实际意义。

由于路面种类的繁多，汽车试验场成为进行汽车各类性能试验的必要场所。同样，在车辆性能仿真计算中，只有建立了包含各种路面的数据库，才能使汽车仿真计算的内容更为丰富，可以说路面的种类决定了整车计算的内容。平整的路面可用于汽车操纵稳定性能的仿真分析；不同等级的路面可用于汽车行驶平顺性的计算分析；比利时路面与搓板路面等可靠性行驶试验路面可用于对关键零部件进行疲劳性能的分析。

新开发的每一种新车都需要进行大量的道路试验，为此所耗费的人力与经费都非常惊人。随着计算机技术的快速发展，国外大公司已经使用仿真计算手段进行相关的研究。在汽车设计的初期，通过在 VPG 中对汽车可靠性进行分析，从而缩短设计周期，提高设计质量，降低研发成本。从分析内容方面讲，VPG 计算技术分析内容是多样化的。一个分析模型可以进行疲劳寿命计算、振动噪声分析计算、车辆碰撞历程仿真、碰撞时乘员安全保护等多种结构非线性分析。同时还可以进行整车非线性运动学和动力学计算，用来进行整车舒适性、高速行驶性能和操纵稳定性研究。

（1）在整车分析中，避免了传统 CAE（计算机辅助工程）分析部件间受力关系难以确定的困难，如在车身随机响应疲劳分析中，避免了分析者必须通过样车试验确定悬架支点对车身作用力谱，再对这些作用力谱滤波、强化、数字化和对车身支点施加谱载荷谱表等一系列复杂工作（对车身谱分析而言）。对悬架转向系运动学和动力学分析而言，不必将车身简化为刚体，车身对悬架转向系的弹性和非线性变形影响可真实计入计算分析中，从而提高了分析精度。

（2）以整车为分析对象，边界条件只有路面和车速。这样分析载荷实现了规范化、标准化，使计算结果更加真实准确，可比性提高。因为路面载荷数据库是全面和权威的（如美国独立的汽车试验场 MGA 路面库），也可以是本公司使用的自行考核试验路面，分析结果更加真实可信。

（3）计算是高度非线性分析，分析中包含了结构非线性因素、车身支撑和发动机支撑等橡胶连接件的非线性因素、悬架转向系连接和缓冲件的非线性因素、车轮轮胎的非线性因素、轮胎和地面接触条件等。因此分析结果中几乎排除了传统

CAE 技术分析时常使用的人为假定,大幅度提高计算精度。

(4)在振动噪声分析中,由于模型有非常大的自由度,析出的振动频率可不受限制,完全可以得到 NVH(噪声、振动和声振粗糙度)分析要求的 250Hz 内的频率模态,NVH 分析评价更加全面。

(5)整车高速行驶性能、转向稳定性能计算也不再受制于传统计算方法中自由度数量,可同时考虑车身结构变形影响,使计算结果精度提高。

1.3.3 模型构建

在进行整车建模时,采用的多体动力学软件平台是 ADAMS,它是由美国 MDI 公司(Mechanical Dynamics Inc.)开发的大型机械系统自动动力学分析软件。用户可以在 ADAMS 软件中建立所要设计的机械系统的虚拟样机,并根据需要对虚拟样机作动力学仿真分析,在产品设计阶段即可发现诸如结构干涉、系统可行性等诸多问题。使工程技术人员在昂贵的物理样机试制之前,就可以得到准确的、令人信服的设计方案。

ADAMS 软件由众多模块组成,其核心的产品是 ADAMS/View 和解算器 ADAMS/Solver,并针对汽车领域建模开发有专用模块 ADAMS/Car,它根据汽车的结构特点,为用户制定了许多方便之处,如在建立左右对称悬架时,用户建立好左边物体后,系统自动生成右边的物体。企业可以利用其方便的建模功能建立产品的总成模型库,构建整车模型时,通过选取相应的总成子系统并调整参数,就能快速建立整车模型并进行计算分析。本书利用 ADAMS 模板化建模方法构建整车模型,这种方法将整车模型按总成分解为多个子系统,使整个模型层次分明,拓扑关系清晰。

ADAMS 软件也有不足之处,在 ADAMS 软件中进行整车计算时可利用的路面较少,特别是没有与试验场相关的路面。而 VPG 技术对整车仿真有重要的意义,是目前车辆仿真领域研究的热点。虽然美国 VPG 公司已经推出 VPG 的商业软件,但它的路面建立方法与 ADAMS 软件不同,无法直接借用,且路面建立方法属于其商业秘密,不可能对外公布。本书提出用计算几何算法,通过分层计算成功构建了三维数字路面,并通过实测某试验场试验路面数据,建立了多种耐久性路面文件,路面种类的丰富也使整车可靠性试验的内容得到拓展。

1.3.4 可靠性试验

汽车结构强度与寿命试验是最费时间、人力和物力的,为提高产品可靠性而进行的有关产品的失效及失效效应的试验都可以称为可靠性试验。在汽车产品研制、生产的各个阶段,随着试验目的、要求和试验对象的变化,可靠性试验的类型很多，试验人员应能作出不同的选择，能从不同的角度来考虑可靠性试验方法的分类，如图 1-1 所示。

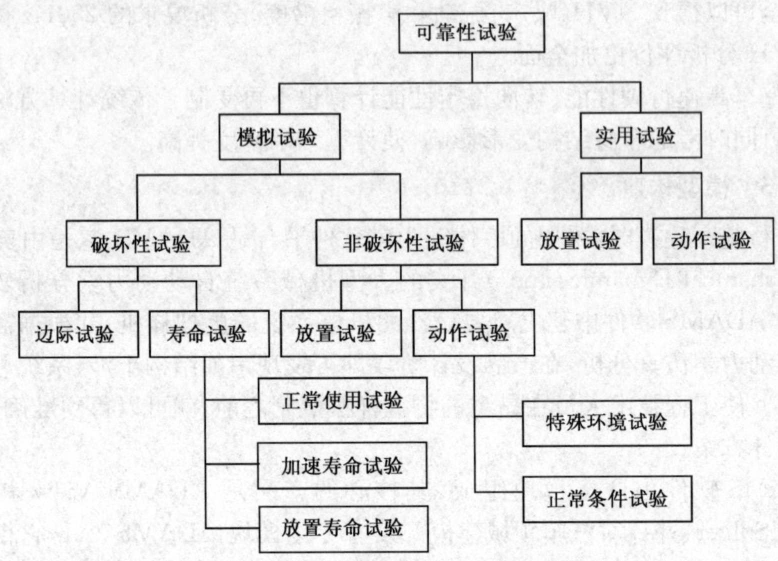

图 1-1　汽车可靠性试验分类

汽车可靠性试验按试验场所可以分为现场试验、试验场试验及实验室试验，如图 1-2 所示。三种试验方法各有优缺点。现场试验就是按照实际服役条件进行的可靠性试验，它能客观真实地评价产品在实际使用中的可靠性和维修性，其试验所得的数据和结论最为直截了当，也最为可靠。它的缺点是费用消耗大，投入的人力较多，试验周期长。这种试验主要是以汽车整车的可靠性为主，也包括一些重要总成的可靠性试验，是一种综合性的可靠性试验。另外，由于用户使用的试验场所范围广，使用情况复杂多变，不确定因素较多，试验的重复性相对差些，事先必须有完善的试验计划。所以开发一种新车型至少要进行两次现场试验，一次在设计定型前，一次在投产后，每次持续时间和里程应相当于在用户手中 3～5 年的实际服役期。

图 1-2　可靠性试验场地分类

整车试验需要在一定的路面条件下试验，从而取得可靠性试验数据，这种试验可以在试验场进行，也可以在汽车服役地区的道路上进行。在服役地区试验进行行驶试验时，车上一般装有记录负荷、应力、速度、温度的仪器，装有气温、气压、风速、里程、燃油和润滑油的记录装置或传感器。现场试验时，挑选试验的路面一般可分为：平整道路、泥路、山路、城市道路、坑洼的恶劣路面，严寒、酷暑地区，高原、高湿、低气压地区，试验中必须有计划地各取一定的里程。用户可靠性试验与汽车试验场试验各有其优缺点。用户可靠性试验的优点在于真实地再现了用户的使用条件，其试验数据真实、可信。缺点是耗资巨大，试验人员辛苦，试验周期长，难以寻找合适的试验环境，工作不方便，不利于损坏件的维修、更换和试验资料的整理，缺乏安全保障。汽车试验场可靠性试验的优点在于工作方便，各种试验条件集于一处，试验条件较稳定，参数和各种影响因素易于分辨与隔离，适宜于有针对性的解决问题。汽车试验场试验的缺点是汽车试验场的试验条件与汽车使用地区的条件不尽相同，难以很真实地模拟用户实际的使用情况，初期投资规模大。因此，研究试验场与用户关联的可靠性试验方法是一项亟待解决的难题。

1.3.5 强化试验

汽车道路试验是考核和评价汽车质量的最终技术措施和手段，而汽车试验场则是专供汽车进行道路试验用的场所。汽车试验场按其功能一般可分为专用汽车试验场和商用汽车试验场。专用汽车试验场通常隶属于某大型汽车生产厂家，其主要功能是为本公司汽车新产品的开发、新车定型及产品质量控制提供试验手段；商用汽车试验场则向全社会开放，为各类客户提供全方位的汽车道路试验条件和技术服务，并侧重于安全、公害、商检等法规性试验和产品定型试验。

汽车试验场的主要设施是人工模拟的各种试车的道路，具体路面分类如图1-3所示，其中包括：

(1)直线车道：测量汽车最高车速、汽车换挡加速时间、滑行距离、高速制动性能。

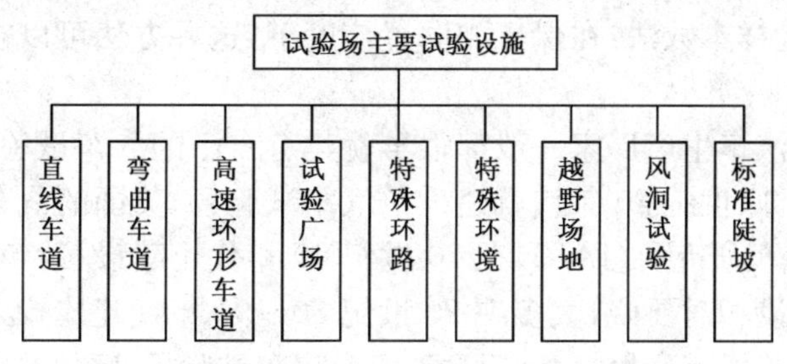

图1-3　汽车试验场主要设施

(2)弯曲车道:试验汽车转向系统、承载系的可靠性,考核汽车的操纵稳定性能。

(3)高速环形车道:检查汽车传动系统可靠性,包括发动机、变速器、冷却系、润滑系、燃油经济性以及轮胎高速运行条件下的寿命。

(4)试验广场:用于稳态转向试验,通常用喷水法来检查汽车的不足转向特性和轮胎的侧滑车速。

(5)特殊坏路:是一种破坏性路面,包括凹凸不平的石块路、扭曲路、搓板路,用以考验悬架和承载系。

(6)特殊环境:人为制造水槽、泥泞、灰尘洞,考察汽车在特殊环境下的运行能力。

(7)越野场地:设有各种障碍的自然田块,考察各种军车的越野能力。

(8)风洞试验:测量汽车外形的风阻系数及空气动力特性。

(9)标准陡坡:测验汽车的爬坡能力和驻坡能力。

汽车试验场建有各种路面,在给定比一般公路更恶劣的行驶工况下,采用增加工作应力的方法加速零部件失效,试验条件有所强化,以缩短试验时间。并且可以得到比实际使用试验更稳定的试验数据。此外,可以通过人工制造实际上几乎不存在的特殊条件,考核汽车的极限状况。因此汽车试验场的建成和使用,大大促进了我国汽车可靠性试验工作的开展,提高了汽车可靠性试验速度和工作质量,缩短了产品的研发周期。汽车可靠性强化试验主要分为三种:

(1)增大负荷法:这里的负荷是广义的概念,它考虑了应力、温度、湿度、压力、振动的影响。

(2)浓缩应力法:这种方法不增大(或少增大)零部件承受的载荷,而且尽可能保持实际使用条件中的载荷状况,但将删除对可靠性寿命影响小或无影响的实际载荷,此方法容易保持故障模式的一致性。

(3)增加试验样本数法:在保证相同置信度下,这种方法可以有效地缩短试验时间。

国外大型的汽车生产厂家一般都很早就建有自己的汽车试验场,如美国的通用汽车公司早在20世纪20年代就建设了汽车试验场,英国的汽车工业研究协会(MIRA)、日本汽车研究所(JARI)在20世纪40年代也建设了汽车试验场。我国汽车试验场的建设相对要晚,大多在20世纪80～90年代建成投入使用。现已建成使用的汽车试验场有襄樊汽车试验场、海南汽车试验场、解放军总装备部定远汽车试验场、交通运输部通州汽车试验场及一汽农安汽车试验场。

随着我国汽车试验场的建立，国内车辆产品开发的可靠性行驶试验工作目前已基本完成了由各种类型的公路试验到试验场强化试验的转变。汽车试验场是重现汽车用户使用过程中遇到的各种道路条件和使用条件而进行汽车整车道路试验的场所，为满足汽车的试验要求，汽车试验场将实际存在的各种道路经过集中、浓缩、不失真地强化形成典型化的道路。由于汽车试验在汽车开发过程中处于极为重要的地位，许多汽车企业都投入巨额资金修建大型的汽车综合试验场。车辆在试验场试验道路上行驶时，与实际使用时的道路条件相比较为恶劣，车辆构件上会产生较实际使用更大的应力载荷。

相对于实际使用工况，汽车在试验场苛刻的试验道路上的行驶试验是一种加速强化试验。汽车强化试验加速系数的研究对车辆强化试验规范的制定、强化试验的组织实施及汽车试验场的设计具有十分重要的作用，也是汽车可靠性试验技术研究的关键内容。研究强化试验加速系数，一方面可以缩短汽车可靠性试验周期，降低试验费用，加快车辆产品开发的速度，提高产品的质量与可靠性；另一方面对揭示汽车可修系统故障发生规律有十分重要的理论价值，它可为车辆的维修、更新计划的制定和修改提供理论上的依据。

近年来，我国公路状况有了很大改善，高速公路所占比例越来越大，坏路所占的比例越来越小，汽车平均行驶车速不断提高。海南汽车试验场最早制定了汽车定型可靠性行驶试验规范，到现在已经运行了很多年。国内其他汽车试验场基本上都是在海南汽车试验场定型可靠性行驶试验规范的基础上，根据各汽车试验场的自身特点而制定了自己的汽车定型与可靠性行驶试验规范，基本沿用了与十几年前国内公路状况相符的道路里程分配。随着我国道路交通条件和车辆使用条件的变化，必须对现行可靠性行驶试验规范进行调整。适当增加可靠性行驶总里程，增加高速公路的比例；增加诸如急加速、变换变速器挡位等行驶要求，以达到对传动系的加速考核作用。汽车在实际使用中是各种道路混合行驶，考虑到各种路面和工况作用的先后次序对结构疲劳寿命有明显影响，为了使汽车在汽车试验场内发生的故障能反映实际行驶情况，同时借鉴福特、雪铁龙及 MIRA 等在汽车试验场进行可靠性行驶试验的做法，可靠性行驶试验应按循环进行。通过分别对汽车试验场的可靠性试验路段进行采样分析，结合产品特点、使用条件、用户需求及产品目标等制定循环方式和总的循环次数。

值得指出的是，上述试验的基础大都偏向于强度试验而不是寿命试验，都是为了保证在最差的工况下车辆不发生断裂，且能满足一般的工程要求。显然，这些试验基本上是依据习惯或经验，而没有合理地考虑用户的使用情况，主要是靠推测而不是基于科学的工程原理。依据这些试验标准可靠性强化试验的结果与用户使用情况相差太大，且多以强度试验为主，生产成本高、零部件的后备系数大、资源浪费、缺乏科学依据，有些试验结果与用户的失效模式差别较大。这些经验试验方法在当时的条件下促进了汽车工业的发展，现在已经不能满足汽车工业的需要。

现行的汽车可靠性试验规范试验中所暴露出来的故障，在用户可靠性试验中却很多都没有发生。并且由于对该汽车试验场路面相对于目标用户的强化情况没有做过研究，因此对强化试验结果也不能给出科学的产品可靠性指标，这种情况给产品开发带来很大的困扰。所以迫切需要研究制定符合用户使用条件的可靠性强化试验规范及汽车试验场强化路面相对于目标用户使用的强化工况。汽车测试仪器和道路载荷数据采集的发展，使得测量“用户实际是如何使用的”并作为试验规范的制定基础成为可能。通过用户调查确定用户车辆实际使用工况保证用户车辆的 B_{10} 寿命，在整车上安装传感器，测量用户使用工况和试验场试验工况的汽车输入和响应，按照疲劳损伤理论制定试验规范。试验场试验与用户使用情况的整车输入和主要响应在幅值分布上相同，保证了试验场试验时的整车载荷状态与用户使用时相同，能避免由于材料不同导致的不同零部件的寿命在试验条件下与用户条件下的差异。汽车是弱非线性系统，因此保证了主要的输入和响应的正确性，其载荷也是确定的，还可以满足部分非疲劳失效模式。

在汽车的各种试验中，汽车的可靠性试验是最重要的，对于汽车厂家来说，可靠性试验执行的依据是试验规范。美国通用汽车公司在 20 世纪 80 年代专门设置一个部门来研究用户关联可靠性和汽车试验场路面加速系数，由于路面条件的不断变化及车型的更新，该部门根据其研究结果，不断改造试验场路面及改进可靠性试验规范，对用户关联性可靠性的研究积累了一定经验。到目前为止，我国已经制定了一部分整车、总成及零部件在汽车试验场的强化试验规范，但尚无能反映用户使用工况的试验规范。因此研究接近用户使用条件的汽车试验场可靠性试验方法是我国目前急需解决的课题。

1.4 主要研究内容

本书主要研究内容如下：

(1)应用 ADAMS 软件建立完整的悬架系统模型，对悬架特性参数进行优化计算。优化结果应能从实际应用角度出发改善悬架系统性能，从而提高操纵稳定性与行驶平顺性。

(2)利用 Matlab/Simulink 模块建立横摆角速度神经网络阻尼控制模型，通过控制悬架阻尼来抑制汽车过度转向行为，改善操纵稳定性。

(3)利用 ADAMS 模板化建模方法建立整车模型，并对操纵稳定性和平顺性进行仿真分析，将仿真与试验结果进行对比，以验证模型正确性，为深入研究整车性能奠定基础。

(4)对比分析试验场耐久路与用户典型路面试验车辆和对标车辆后轴的疲劳损伤，重点计算试验场搓板路对车辆造成的损伤。利用 MTS 六通道耦合系统对试验车辆和对标车辆车身与后轴进行振动模态扫频，通过振动模态扫频对比，分析试验车辆和对标车辆后轴与车身振动频率的差异原因。

(5)对比分析试验场耐久路、高速公路、城市路面以及一般公路试验车辆和对标车辆的疲劳损伤特性，为试验车辆质量改进提供了有效数据。

(6)应用雨流计数法准确测定可靠性试验数据，使施加于车辆的载荷更接近各种典型路面的实际工况。

(7)根据疲劳累积损伤相等原理建立用户典型路面和试验场耐久路的相关数学模型，采集用户典型路面和试验场数据，优化计算可靠性试验工况与方法，为汽车可靠性试验方法的实际应用提供方案和具体的实施流程。

(8)对整车模型进行仿真分析，验证整车虚拟样机模型的正确性；通过物理样机仿真和试验场试验，分析评价整车的行驶平顺性与操纵稳定性。

(9)提出数字化试验场三维可靠性试验路面的构建方法。采用路面不平度空间功率谱密度、车速与三角网络相结合的方法，对路面节点进行分层处理，解决构建复杂数字路面中节点连接关系难以计算的难点；同时根据对某试验场试验路面的实测数据，建立典型的数字化试验场可靠性数字路面。

(10)根据虚拟用户典型路面与试验场强化路的道路载荷谱相等原理，建立虚拟用户相关性数学模型，运用雨流计数对整车重要部件进行试验场疲劳可靠性分析。通过虚拟用户和试验场载荷时间历程数据转化为各级幅值的载荷循环的等载荷谱试验，验证试验场可靠性相关试验方法的可行性。

(11)针对传统的汽车试验场可靠性试验存在的问题，提出了一种汽车可靠性试验新方法，该方法从试验场试验与可靠性仿真试验不同的优良性出发，结合可靠性仿真试验与试验场可靠性相关试验方法，建立试验场与可靠性仿真试验相结合的数学模型。

(12)制定汽车可靠性行驶试验标准，通过对比后桥试验场与可靠性仿真试验结合的可靠性试验结果，说明试验场与可靠性仿真试验结合的可靠性试验结果的吻合程度较好，验证可靠性试验标准的可信性。

(13)对用户车辆的实际使用工况进行调查，包括车辆自然状况、不同路面年行驶里程及不同载质量下的年行驶里程。应用极大似然估计法估计威布尔分布参数，根据威布尔参数估计值，结合 Miner 累积损伤法则计算出平坦、中等不平和极端不平路三种典型路面承载构件的用户总疲劳寿命里程，最后通过 Monte-Carlo 仿真获得各承载系统构件的 90%用户目标里程。

(14)应用最小二乘法对疲劳寿命离散数据进行拟合，建立 S-N 曲线的数学模型，再根据 Goodman 经验疲劳公式将非零平均应力等效转换为零平均应力。利用修正的 Neuber 公式及曼森-科芬(Manson-Coffin)应变-寿命曲线方程绘制承载系构件的双对数应变-疲劳寿命曲线。根据雨流矩阵载荷谱相等原理建立用户用途和试验场的关联数学模型，利用多元线性回归的最小二乘法对模型中的比例系数 β_i 进行参数估计，并对模型回归方程进行拟合优度检验、回归系数进行 t 检验。

(15)通过对承载系构件的模型应力、有限元分析、疲劳分析软件及经验来选择结构和零部件的临界危险位置，根据电阻应变片的应力集中原则对承载系构件(前后桥、驾驶室、车架、平衡梁)应变传感器及部分位移传感器、加速度传感器进行布置。同时为满足测量精度的需要，对发动机悬置进行重新设计改造，让它既能起到悬置的作用，又要充当测力传感器。

(16)根据用户典型路面与试验场强化路的道路载荷谱相等原理及其关联性数学模型，优化计算出 90%用户数据和试验场数据雨流矩阵载荷谱相同条件下的试验场强化路循环次数，制定汽车试验场与用户用途关联的汽车承载系可靠性试验规范。

(17)对承载系重点考核构件前后桥与驾驶室前后悬置进行加载标定。依据疲劳损伤的等寿命方法建立重点构件的加速系数数学模型，编写加速系数计算程序及汽车承载系试验场可靠性试验寿命里程仿真计算软件，利用 S-N 曲线计算出各强化路以及组合综合路的加速系数，通过寿命计算软件对汽车试验场和用户实际使用的寿命里程进行仿真计算，并将计算结果与试验场及用户使用试验的故障里程进行对比验证。

(18)采集山区典型公路和用户真实用法的试验数据，通过传动轴转矩对转速的联合分级矩阵获得输出累积能量分布载荷谱。根据 Weibull 分布概率纸直线方程及动力传动系累积能量数学模型，计算失效概率为 90%条件下的四种用户典型路面和每个实际用户的总累积能量，并对分布函数进行 K-S 检验，然后利用 Monte-Carlo 方法仿真模拟 90%用户的动力传动系输出总能量。通过山区典型公路和 90%用户累积能量的相关性计算，获得山区公路的强化系数和可靠性试验方法。

第2章　悬架系统建模及行驶稳定性

本章利用ADAMS软件建立悬架系统运动学仿真分析模型，并且应用该模型对悬架运动特性参数进行优化计算，通过优化指导设计改进悬架的运动特性参数。充分分析汽车横摆稳定性的影响因素，合理分配悬架系统的阻尼系数，利用BP神经网络PID控制算法实现对车辆的悬架系统前、后阻尼的分别控制，提高汽车的行驶平顺性及操纵稳定性。应用模板化建模方法构建悬架及整车模型，模型建立后，以操纵稳定性和行驶平顺性为例，通过仿真结果与相应的实车试验数据进行对比，验证仿真分析结果的正确性。

本书在进行整车建模时，采用的多体动力学软件平台是ADAMS，它是由美国MDI公司(Mechanical Dynamics Inc)开发的大型机械系统自动动力学分析软件，是CAE领域使用范围最广、应用行业最多的机械系统动力学仿真工具，占据了该领域53%的市场份额。用户可以在ADAMS软件中建立所要设计的机械系统的虚拟样机，并根据需要对虚拟样机作动力学仿真分析，在产品设计阶段即可发现诸如结构干涉、系统可行性等诸多问题。使工程技术人员在昂贵的物理样机试制之前，就可以得到准确的、令人信服的设计方案。

汽车是由成千上万个零件组装而成的复杂系统，建立整车模型是一件非常复杂的工作，用传统的建模方法不仅费时费力，而且发现错误后不容易修改。本章利用ADAMS模板化建模方法构建整车模型，这种方法将整车模型按总成分解为多个子系统，使整个模型层次分明，拓扑关系清晰。模板化建模的优点是修改模型方便，若发现模型有错误，只需修改相应的子系统即可，简化了建模的繁琐工作。机械系统动力学分析软件ADAMS是集建模、求解和可视化于一体的数字化虚拟样机技术，它可以有效地将三维实体模型和应用有限元分析软件描述的零部件模型有机地结合起来，准确地进行机械系统的各种模拟，分析和评估系统的性能，为物理样机的设计和制造提供依据。ADAMS所提供的汽车专业模块，能够帮助汽车工程师快速创建高精度的参数化数字样机和汽车的运动学与动力学仿真模型，进行汽车的操纵稳定性、制动性、乘坐舒适性和安全性等整车性能仿真分析，目前已被广大汽车工程技术人员广泛应用。

2.1　ADAMS软件建模机理

ADAMS软件采用世界上广泛流行的多刚体系统动力学理论中的拉格朗日方

程方法，建立系统动力学方程。选取系统内每个刚体质心在惯性参考系中的三个直角坐标和确定刚体方位的三个欧拉角作为笛卡尔广义坐标，用带乘子的拉格朗日方程处理具有多余坐标的完整约束系统或非完整约束系统，导出以笛卡尔广义坐标为变量的运动学方程。以笛卡尔坐标和欧拉角参数描述物体的空间位形，用吉尔刚性积分解决稀疏矩阵的求解问题，核心为 ADAMS/View 与 ADAMS/Solver，提供了多种功能成熟的解算器，可对所建模型进行运动学、静力学、动力学分析。

2.1.1 初始条件分析

在多体系统中，将物体之间的运动学约束定义为铰；物体之间的相互作用定义为力元（内力），力元是对系统中弹簧、阻尼器、制动器的抽象，理想的力元可抽象为统一形式的移动弹簧、阻尼器、制动器，或扭转弹簧、阻尼器、制动器；多体系统外的物体对系统中物体的作用定义为外力（偶）。在进行动力学分析之前，初始条件分析通过求解相应的位置、速度、加速度的目标函数最小值得到。

1. 广义坐标

动力学方程的求解速度很大程度上取决于广义坐标的选择。为了解析地描述方位，必须规定一组转动广义坐标表示方向余弦矩阵。ADAMS 软件中采用的方法是，用刚体 i 的质心笛卡尔坐标和反映刚体方位的欧拉角作为广义坐标，即 $q_i=[x,y,z,\Psi,\theta,\varphi]_i^T$，$q=[q_1^T,\cdots,q_n^T]^T$，每个刚体用六个广义坐标描述。由于采用了不独立的广义坐标，系统动力学方程组数量庞大，但却是高度稀疏耦合的微分代数方程，适于用稀疏矩阵的方法高效求解。

2. 初始位置

定义相应的位置目标函数为 L_0，即

$$L_0=\frac{1}{2}\sum_{i=1}^{n}W_i(q_i-q_{0i})^2+\sum_{j=1}^{m}\lambda_j^0\phi_j \tag{2-1}$$

式中：n——系统总的广义坐标数；

m——系统约束方程数；

ϕ_j，λ_j^0——分别是约束方程及对应的拉氏乘子；

q_{0i}——用户设定准确的或近似的初始坐标值或程序设定的缺省坐标值；

W_i——对应 q_{0i} 的加权系数。

由 L_0 取最小值，则 $\frac{\partial L_0}{\partial q_i}=0$，$\frac{\partial L_0}{\partial \lambda_j^0}=0$ 得

$$\begin{cases} W_i(q_i - q_{0i}) + \sum_{j=1}^{m} \lambda_j^0 \dfrac{\partial \phi_j}{\partial q_i} = 0 \\ \phi_j = 0 \end{cases} \quad (i = 1,2,\cdots,n; j = 1,2,\cdots,m) \tag{2-2}$$

对应函数形式为

$$\begin{cases} f_i(q_k,\lambda_l^0) = 0 \\ g_j(q_k) = 0(k = 1,2,\cdots,n; l = 1,2,\cdots,m) \end{cases} \tag{2-3}$$

牛顿-拉弗逊迭代公式为

$$\begin{bmatrix} W_i + \sum_{k=1}^{n} \sum_{j=1}^{m} \lambda_j^0 \dfrac{\partial^2 \phi_j}{\partial_{qk} \partial_{qi}} & \sum_{j=1}^{m} \dfrac{\partial \phi_j}{\partial q_i} \\ \sum_{k=1}^{n} \dfrac{\partial \phi_j}{\partial q_k} & 0 \end{bmatrix}_p \begin{Bmatrix} \Delta q_k \\ \Delta \lambda_l^0 \end{Bmatrix}_p = \begin{Bmatrix} -W_i(q_{ip} - q_{0i}) - \sum_{j=i}^{m} \lambda_{j,p}^0 \dfrac{\partial \phi_j}{\partial q_i} \Big|_p \\ -\phi_j(q_{kp}) \end{Bmatrix} \tag{2-4}$$

式中：$\Delta q_{k,p} = q_{k,p+1} - q_{k,p}$；

$\Delta \lambda_{l,p}^0 = \lambda_{l,p+1}^0 - \lambda_{l,p}^0$；

下标 p——第 p 次迭代。

3. 初始速度

定义相应的速度目标函数为 L_1，即

$$L_1 = \frac{1}{2} \sum_{i=1}^{n} W_i' (\dot{q}_i - \dot{q}_{0i})^2 + \sum_{j=1}^{m} \lambda_j' \frac{\mathrm{d}\phi_j}{\mathrm{d}t} \tag{2-5}$$

式中：$\dot{q}_{0i}$——用户设定的准确或近似的初始速度值或程序设定的默认值；

W_i'——对应 $\dot{q}_{0i}$ 的加权系数；

λ_j'——对应速度约束方程的拉氏算子；

$\dfrac{\mathrm{d}\phi_j}{\mathrm{d}t} = \sum_{k=1}^{n} \dfrac{\partial \phi_j}{\partial q_k} \dot{q}_k + \dfrac{\partial \phi_j}{\partial t} = 0$ 为速度约束方程。

由 L_1 取最小值，则 $\dfrac{\partial L_1}{\partial \dot{q}_i} = 0$，$\dfrac{\partial L_1}{\partial \lambda_j'} = 0$ 得

$$\begin{bmatrix} W_k' & \sum_{j=1}^{m} \dfrac{\partial \phi_j}{\partial q_k} \\ \sum_{k=1}^{n} \dfrac{\partial \phi_j}{\partial q_k} & 0 \end{bmatrix} \begin{Bmatrix} \dot{q}_k \\ \lambda_j' \end{Bmatrix} = \begin{Bmatrix} W_k' \dot{q}_{0k} \\ -\dfrac{\partial \phi_j}{\partial t} \end{Bmatrix} \quad (k = 1,2,\cdots,n; j = 1,2,\cdots,m) \tag{2-6}$$

系数矩阵只与位置有关，且非零项已经分解，可直接求解 $\dot{q}_k, \lambda_j'$。

4. 初始加速度

初始加速度、初始拉氏乘子可直接由系统动力学方程和系统约束方程的两阶导数确定，写成分量形式，即

$$\begin{cases} \sum_{k=1}^{n}(m_{ik}(q_k))\ddot{q}_k + \sum_{j=1}^{m}\lambda_i \dfrac{\partial \phi_j}{\partial q_i} = Q_i(q_k, \dot{q}_k, t) \\ \dfrac{\mathrm{d}^2\phi_j}{\mathrm{d}t^2} = \sum_{i=1}^{n}\left(\dfrac{\partial \phi_j}{\partial q_i}\right)\ddot{q}_i - h_j(q_k, \ddot{q}_k, t) = 0 \end{cases} \quad (i = 1,2,\cdots,n; j = 1,2,\cdots,m) \tag{2-7}$$

$$h_j = -\left\{\frac{\partial^2\phi_j}{\partial t^2} + \sum_{i=1}^{n}\frac{\partial}{\partial t}\left(\frac{\partial\phi_j}{\partial q_i}\right)\dot{q}_i + \sum_{i=1}^{n}\frac{\partial}{\partial q_i}\left(\frac{\partial\phi_j}{\partial t}\right)\dot{q}_i + \sum_{i=1}^{n}\sum_{k=1}^{n}\left(\frac{\partial^2\phi_j}{\partial q_k \partial q_i}\right)\dot{q}_k\dot{q}_i\right\}$$

矩阵形式为

$$\begin{bmatrix} \sum_{k=1}^{n} m_{ik}(q_k) & \sum_{j=1}^{m}\dfrac{\partial \phi_j}{\partial q_i} \\ \sum_{k=1}^{n}\dfrac{\partial \phi_j}{\partial q_k} & 0 \end{bmatrix} \begin{Bmatrix} \ddot{q}_k \\ \lambda_j \end{Bmatrix} = \begin{Bmatrix} Q_i \\ h_j \end{Bmatrix} \quad (i = 1,2,\cdots,n; j = 1,2,\cdots,m) \tag{2-8}$$

式中的非零项已分解，可求 $\ddot{q}_k$ 和 λ_j。

2.1.2 运动学分析

运动学分析主要研究零自由度系统的位置、速度、加速度和约束反力，因此只需求解系统约束方程

$$\Phi(q,t) = 0 \tag{2-9}$$

由约束方程的牛顿-拉弗逊(Newton-Raphson)迭代方法确定任一时刻 t_n 的位置，求得

$$\left.\frac{\partial \Phi}{\partial q}\right|_j \Delta q_j = \Phi(q_j, t_n) \tag{2-10}$$

式中：$\Delta q_j = q_{j+1} - q_j$；

j——第 j 次迭代。

t_n 时刻速度、加速度的确定，可由约束方程求一阶、二阶时间导数得到，即

$$\left(\frac{\partial \Phi}{\partial q}\right)\dot{q}=\frac{\partial \Phi}{\partial t} \tag{2-11}$$

$$\left(\frac{\partial \Phi}{\partial q}\right)\ddot{q}=-\left\{\frac{\partial^2 \Phi}{\partial t^2}+\sum_{k=1}^{n}\sum_{l=1}^{n}\frac{\partial^2 \Phi}{\partial q_1}\dot{q}_k\dot{q}_1+\frac{\partial}{\partial t}\left(\frac{\partial \Phi}{\partial q}\right)\dot{q}+\frac{\partial}{\partial q}\left(\frac{\partial \Phi}{\partial t}\right)\dot{q}\right\} \tag{2-12}$$

t_n 时刻约束反力的确定,可由带乘子拉格朗日方程得到,即

$$\left(\frac{\partial \Phi}{\partial q}\right)^T\lambda=\left\{-\frac{\mathrm{d}}{\mathrm{d}t}\left(\frac{\partial T}{\partial \dot{q}}\right)^T+\left(\frac{\partial T}{\partial q}\right)^T+Q\right\} \tag{2-13}$$

2.1.3 动力学分析

1. 动力学方程的建立

ADAMS 程序采用拉格朗日乘子法建立系统动力学方程,即

$$\begin{cases}\dfrac{\mathrm{d}}{\mathrm{d}t}\left(\dfrac{\partial T}{\partial \dot{q}}\right)^T-\left(\dfrac{\partial T}{\partial q}\right)^T+\phi_q^T p+\theta_{\dot{q}}^T\mu-Q=0\\ \phi(q,t)=0\\ \theta(q,\dot{q},t)=0\end{cases} \tag{2-14}$$

式中:$\phi(q,t)=0$——完整约束方程;

$\theta(q,\dot{q},t)=0$——非完整约束方程;

T——系统能量,$T=\frac{1}{2}[M\cdot v\cdot v+w\cdot I\cdot w]$;

q——广义坐标列阵;

Q——广义力列阵;

p——对应于完整约束的拉氏乘子列阵;

μ——对应于非完整约束的拉氏乘子列阵;

M——质量列阵;

v——广义速度列阵;

I——转动惯量列阵;

w——广义角速度列阵。

对于有 n 个自由度的力学系统,确定 n 个广义速率以后,即可计算出系统内各质点及各刚体相应的偏速度及偏角速度,以及相应的 n 个广义主动力及广义惯性力。令每个广义速率所对应的广义主动力与广义惯性力之和为零,所得到的 n 个标量方程即称为系统的动力学方程,又称凯恩方程,即

$$F^{(r)}+F^{*(r)}=0 \quad (r=1,2,\cdots,n) \tag{2-15}$$

其矩阵形式为

$$F+F^{*}=0$$

式中：F、F^{*}——N 阶列阵，定义为 $F=[F^{(1)}\cdots F^{(N)}]^{T}$，$F^{*}=[F^{*(1)}LF^{*(N)}]^{T}$。

令 $v=\dot{q}$，$\dot{v}=\ddot{q}$，则系统运动方程可化成动力学方程为

$$\begin{cases} F(q,v,\dot{v},\lambda,t)=0 \\ G(v,\dot{q})=v-\dot{q}=0 \\ \Phi(q,t)=0 \end{cases} \tag{2-16}$$

式中：q——广义坐标列阵；

$\dot{q}$，v——广义速度列阵；

λ——约束反力及作用力列阵；

F——系统动力学微分方程及用户定义的微分方程；

Φ——描述完整约束的代数方程列阵；

G——描述非完整约束的代数方程列阵。

2.动力学方程求解

应用 ADAMS 软件建立的多体模型，其动力学方程一般为隐式、非线性的微分-代数混合方程，对此采用吉尔预测校正算法求解较好，求解后可得到系统中所有部件的边界条件，即力、速度、加速度。进行动力学分析时，ADAMS 采用两种算法，分为刚性和非刚性两种积分器。

1)三种功能强大的变阶、变步长积分求解程序

刚性积分器：GSTIFF（Gear）积分器、WSTIFF（Wielenga stiff）积分器、DSTIFF(DASSAL)积分器和 SI2-GSTIFF(Stabilized Index-2)积分器。此四种积分器都使用 BDF(Back-Difference-Formulae)算法，前三种积分器采用牛顿-拉弗逊迭代方法来求解稀疏耦合的非线性运动学方程，适于模拟刚性系统(特征值变化范围大的系统)。

2)提供 ADAMS 积分求解程序

非刚性的 ABAM(Adams-Bashforth-Adams-Moulton)积分器，采用坐标分离算法来求解独立坐标的微分方程，这种方法适于非刚性的系统，模拟特征值经历突变的系统或高频系统。

3.微分-代数方程的求解算法

根据当前时刻的系统状态矢量值，用 Taylor 级数预估下一个时刻的状态矢量

值，即

$$y_{n+1}=y_n+\frac{\partial y_n}{\partial t}h+\frac{1}{2!}\frac{\partial^2 y_n}{\partial t^2}h^2+\cdots \tag{2-17}$$

式中：h——时间步长，$h=t_{n+1}-t_n$。

这种预估算法得到的新时刻系统状态矢量值通常不准确，即式(2-16)右边项不等于零，可由吉尔(Gear)$K+1$ 阶积分求解程序（或其他向后差分积分程序）来校正，即

$$y_{n+1}=-h\beta_0\dot{y}_{n+1}+\sum_{i=i}^{k}\alpha_i y_{n-i+1} \tag{2-18}$$

式中：y_{n+1}——$y(t)$在 $t=t_{n+1}$时刻的近似值；

β_0，α_i——Gear 积分程序的系数值。

重写式(2-18)得

$$\dot{y}_{n+1}=\frac{-1}{h\beta_0}\left[y_{n+1}-\sum_{i=1}^{k}a_i y_{n-i+1}\right] \tag{2-19}$$

将式(2-16)在 $t=t_{n+1}$时刻展开，得

$$\Phi(q_{n+1},t_{n+1})=0 \tag{2-20}$$

将式(2-20)在 $t=t_{n+1}$时刻展开，得

$$\begin{cases}F(q_{n+1},v_{n+1},\dot{v}_{n+1},\lambda_{n+1},t_{n+1})=0\\ G(v_{n+1},q_{n+1})=v_{n+1}-\dot{q}_{n+1}=v_{n+1}-\left(\dfrac{-1}{h\beta_0}\right)(q_{n+1}-\sum\limits_{i=1}^{k}a_i q_{n-i+1})=0\\ \Phi(q_{n+1},t_{n+1})=0\end{cases} \tag{2-21}$$

ADAMS 使用修正的牛顿-拉弗逊迭代方法求解上面的非线性方程，其迭代校正公式为

$$\begin{cases}F_j+\dfrac{\partial F}{\partial q}\Delta q_j+\dfrac{\partial F}{\partial u}\Delta v_j+\dfrac{\partial F}{\partial \dot{u}}\Delta\dot{v}_j+\dfrac{\partial F}{\partial\lambda}\Delta\lambda_j=0\\ G_j+\dfrac{\partial G}{\partial q}\Delta q_j+\dfrac{\partial G}{\partial u}\Delta v_j=0\\ \Phi_j+\dfrac{\partial\Phi}{\partial q}\Delta q_j=0\end{cases} \tag{2-22}$$

式中：j 表示第 j 次迭代。

$$\begin{cases}\Delta q_j = q_{j+1} - q_j \\ \Delta v_j = v_{j+1} - v_j \\ \Delta \lambda_j = \lambda_{j+1} - \lambda_j\end{cases} \tag{2-23}$$

由式(2-19)知

$$\Delta \dot{v}_j = -\left(\frac{1}{h\beta_0}\right)\Delta v_j \tag{2-24}$$

由式(2-21)知

$$\begin{cases}\dfrac{\partial G}{\partial q} = \left(\dfrac{1}{h\beta_0}\right)I \\ \dfrac{\partial G}{\partial v} = I\end{cases} \tag{2-25}$$

将式(2-24)、式(2-25)代入式(2-22)得

$$\begin{bmatrix} \dfrac{\partial F}{\partial q} & \left(\dfrac{\partial F}{\partial v} - \dfrac{1}{h\beta_0}\dfrac{\partial F}{\partial \dot{v}}\right) & \left(\dfrac{\partial \Phi}{\partial q}\right)^T \\ \left(\dfrac{1}{h\beta_0}\right)\dfrac{\partial G}{\partial v} & \dfrac{\partial G}{\partial v} & 0 \\ \left(\dfrac{\partial \Phi}{\partial q}\right) & 0 & 0 \end{bmatrix}_j \begin{Bmatrix} \Delta q \\ \Delta v \\ \Delta \lambda \end{Bmatrix}_j = \begin{Bmatrix} -F \\ -G \\ -\Phi \end{Bmatrix}_j \tag{2-26}$$

式中：$\dfrac{\partial F}{\partial q}$——系统刚度阵(力相对广义坐标的雅可比矩阵)；

$\dfrac{\partial F}{\partial v}$——系统阻尼阵(力相对广义速度的雅可比矩阵)；

$\dfrac{\partial F}{\partial \dot{v}}$——系统质量阵(力相对广义加速度的雅可比矩阵)。

式(2-26)左边的系数矩阵称为系统的雅可比矩阵。

4. 控制数值发散方法

在 ADAMS 中对模型求解时，有时会发生数值发散的问题，以致仿真计算终止。只有解决了数值发散的问题，才能使仿真进行下去。针对上面讨论的数值发散原因，可采用相应的技巧加以解决。

(1)消除不连续的函数。在建模中尽量不使用 IF 突变函数，而采用 STEP、STEP5 和 IMPACT 等函数代替。

(2)检查模型的自由度是否正确，是否存在近似为零的动力学参数。

(3)选择正确的系统阻尼值。

(4)对积分程序和积分控制参数进行合理的选择。三种积分程序的数值计算稳定性关系为:BDF>DSTIFF>GSTIFF;三种积分程序的数值计算效率关系为:GSTIFF>DSTIFF>BDF。

这三种积分程序适用于模拟刚性系统(特征值变化范围大的系统),而ABAM积分程序适用于模拟经历突变或频率高的系统。使用中,应针对所研究的机械系统选用适合的积分程序和控制参数,如最大迭代次数、是否重新分解雅可比矩阵、积分误差等,它们通常会有助于求解的收敛性,但积分误差精度过低会影响求解的正确性。

2.1.4 ADAMS软件建模步骤

ADAMS软件的整个仿真计算过程可以分成以下七个步骤:①数据的输入;②数据的检查;③机构的装配及过约束的消除;④运动方程的自动形成;⑤积分迭代运算过程;⑥运算过程中的错误检查;⑦信息输出与结果输出。

ADAMS软件本身具有较完善的前处理和后处理模块。同时也有广泛的CAD/CAM系统接口,如ARIES、CADAM、Schluberger等CAD/CAM系统。因此,ADAMS软件即可在字符终端上独立运行,又可在图形终端上利用软件的功能作为辅助手段运行,结果可在绘图机上直接绘出。对于汽车前悬架及转向机构,由于输出变量为标准变量(位移、速度、加速度、力等),此时仅用ADAMS的核心计算模块,前、后处理均采用Schlumberger提供的图形软件BRAVO3中MECHANISM的图形处理功能运行计算较为便利。此外,用户还使用了CDL、AGL、IAGL(CPROC)语言开发了一些前、后处理专用软件,构成了完整的前悬架-转向机构的分析软件。

2.2 模板化建模

建立仿真模型就是要将复杂的汽车系统作一定程度的简化,以数学模型的形式来体现。在ADAMS中建立仿真模型的功能非常强大,可以方便地定义复杂机械系统中构件之间的约束关系,施加各种激励(如位移、速度、加速度、力、力矩等)。模型参数的确定,是影响模型分析精度的主要因素。对于模型参数的准备工作,必须引起仿真分析人员高度重视的工作。本书建立的车辆仿真模型所需参数,可以总结归纳为四类:运动学(几何定位)参数、特性参数(质量、质心与转动惯量等)、力学特性参数(刚度、阻尼等特性)与外界参数(道路谱、风力等)。获得模型参数有数种方法:图纸查阅法、试验法、计算法、CAD建模法等。

(1)运动学(几何定位)参数。运动学参数,即车辆的相关运动部件的几何定位参数。在应用多体系统动力学理论建立车辆仿真模型,需要依据车辆的具体结构形式,在模型中输入各运动部件之间的安装连接位置与相对角度等参数。这些参数决定了车辆各运动部件的空间运动关系。运动学参数,一般可以在汽车的设计图纸中查得。应该注意的是,各运动部件的相对连接位置,应在统一的整车参考坐标系中测量。在无法获得如车辆总布置图这样的图纸时,可以在掌握一些基本参数,如运动部件的几何外形参数与车轮定位角等,通过作图法获得运动学参数。如果上述方法无法实现,可以利用三坐标测量仪测取车辆的几何定位参数。

(2)特性参数。在机械振动系统中,系统本身的质量、质心、转动惯量等决定了系统的特性。质量特性参数由各个运动部件的质量、质心、转动惯量等参数组成。其中,质心、转动惯量等与测量时选取的参考坐标有关,必要时应注明参考坐标。零部件的质量,一般应在设计图纸上查取。但应注意到零件与多体意义上的运动部件的差别。在多体系统动力学中,只要在运动过程中时刻具有相同的运动轨迹,并具有特定的联系(如通过各种方法固定在一起的零部件)就是一个运动部件。如制动盘(鼓)与车轮即是一个运动部件。一个运动部件应只有一个共同的质心与转动惯量。整车与簧上质量的转动惯量计算,采用参考文献的方法计算得到。

运动部件的质心与转动惯量的参数查取,可以通过称质量、计算、试验等方法获得。CAD 技术的发展,提供了测量运动部件质心与转动惯量的新方法。在目前市场领先的三维实体建模 CAD 软件中,IBM 公司与法国 Dassult 联合推出的 CATIA、SDRC 公司的 I-DEAS、EDS 公司的 Unigraphic、PTC 公司的 Pro/Engineer 四种软件,都具有在指定参考坐标系中分析零部件及零部件总成的质心与转动惯量的功能。

(3)力学特性参数。力学特性参数一般指系统的刚度、阻尼等特性。这些零部件的特性对汽车的各项性能、特别是操纵性和平顺性等具有决定性影响。车辆有关零部件的刚度、阻尼等特性,一般也可在设计图纸中查得。而如轮胎、橡胶元件动态特性等参数,一般必须通过试验测得。

(4)外界参数。车辆的使用环境是进行车辆动力学仿真的外界条件。这些外界条件众多,如汽车行驶道路的道路谱、高速行驶时的侧向风力等,都是影响汽车动力学性能的外界因素。外界参数的内容,主要有道路谱、风力等,在某些分析中,可以忽略。道路谱主要通过测量获得。而风力因数可以在分析计算的基础上结合试验获得。

在 ADAMS 仿真系统中,文件分为以下四种类型:

(1)特性文件(Property Files):ASCII 格式文件,内容是各类特性数据,可节约每次重复输入数据的时间，常用螺旋弹簧特性文件的内容就是其力学特性试验数据。建模过程中很多元件都要调用特性文件，各类特性文件（如弹簧特性文件、减振器特性文件等）存储在各自的文件夹中。

（2）模板（Template）：是对整个机构中相对独立的部件而言，比如悬架、动力总成、转向系等都需要建立各自的模板，模板中应包含全部必要的零件。模板是一种参数化模型，在专家环境中建立，在标准环境下参数允许调整。参数变化后能够调整总成中零件的位置尺寸，但零件间的连接关系不改变。

（3）子系统（Subsystem）：用来定义模板，指定所用模板的文件名，定义模板的角色（如定义为前悬架还是后悬架），给出模板中所有参数的取值，指定模板中涉及到的特性文件。

（4）装配（Assembly）：在装配文件中定义组成装配的所有子系统文件名和仿真所需的试验台（Test Rig），提交装配文件后，软件会根据各子系统文件读取指定的模板并将它们装配在一起。

根据重型汽车具体的结构形式，在模板库中选取相应总成或系统的模板，并调整对应子系统文件中的相关参数变量，使各部分的位置、尺寸与目标一致，然后建立装配文件，建立整车模型。利用 ADAMS 建立车辆系统的各子系统模型，并定义其相互间的约束关系，最后将各子系统按实际的空间位置及连接关系组装起来，形成整车系统的虚拟模型。

应用模板化建模方法，分别建立前悬架、后悬架、转向系统和轮胎的模板，几何数据直接由 Pro/E 三维文件转换得到，可以保证精度、缩短建模时间，同时引入路面等外部条件的约束，结合各主要元件的动力学参数测量数据，从而形成各子系统文件，最后装配形成整车虚拟样机模型。在建立多体模型时，坐标系的选择对所建模型的复杂程度及方程求解的难易程度起到很大的作用。本章建模采用 ISO 坐标制，坐标原点为前轮轮心，X 轴指向汽车行驶的正前方，Y 轴指向汽车的左侧，Z 轴垂直指向上方。在 ADAMS 中建立整车动力学仿真模型，大致可分为以下几个步骤：

①整车系统的分解（子系统）和物理抽象。

②建立各子系统的模板（template）文件。

③获取各子系统的几何定位参数、物理参数和动力学参数等重要特性。

④建立各子模型的子系统（subsystem）文件，代入子系统的参数特征。

⑤组装各子系统模型组成整车系统模型，建立装配（assembly）文件。

⑥针对整车研究的不同方面，进行仿真计算。

⑦对仿真计算结果进行后处理。

2.3 悬架运动特性仿真及优化

2.3.1 建模机理

在推出模型模板化建模方法之前,建立整车模型是一件非常耗时和复杂的工作。对于生产企业而言,要求从事计算分析的部门能够快速建立模型,以便迅速地分析设计生产中出现的问题,这也是国内企业引入 CAE 分析软件多年,却不能与设计生产进行较好结合的原因之一。同一类型汽车有着相似的结构,对其类型的总成、零件的拓扑关系是一致的,而同一系列车型的两个不同前悬架间的区别可能只是一些位置尺寸的差别。因此,对于一种独立的总成,在正确建立动力学模型后,如果能利用参数化模型,利用一些参数的调整,并运用在不同的车辆上,汽车动力学模型建立的效率能有效地提高。ADAMS/Car 是一种基于模板化建模与仿真的工具,简化了建立动力学模型的步骤,缩短了汽车建模的时间。模板化建模容许用户运用已建好的模板构建新的模型,用户可利用已有的模型快速生成新的模型。因此,模板化建模方式相对与传统的建模方式是一次质的飞跃。实践证明,这种模板化建立动力学模型的方法特别适用对大型复杂机构进行虚拟样机建模与分析。如需建立新的模板可选择专家模式,当选择标准模式时,只需在标准模板下进行相应的参数调整。ADAMS/Car 模板有四种类型文件,其调用关系如图 2-1 所示。

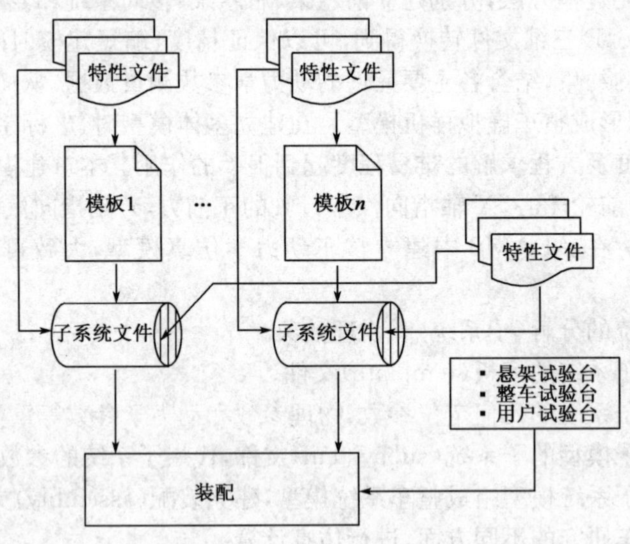

图 2-1 模板化建模的文件结构

2.3.2 运动学模型建立

针对所研究车辆悬架系统存在的问题，利用 ADAMS 软件建立完整的悬架运动学仿真模型，为反映车辆的真实行驶工况，对左右车轮测试平台分别创建随机激励。通过仿真分析揭示运动特性参数在悬架运动过程中的变化规律，指出导向机构设计的不合理性，并对导向机构存在的问题进行优化计算。

运动特性参数确定悬架的性能，反映车轮上下跳动时车轮定位参数的变化特性，若车轮运动特性在正常车轮跳动行程内，则运动参数应保持合理范围的变化量，来保证满足设计期望汽车的行驶特性，图 2-2 所示为悬架系统空间拓扑结构简图。

对悬架的运动学特性进行仿真优化，根据悬架导向机构空间主要位置点坐标(表 2-1)，建立 ADAMS 运动学仿真模型，如图 2-3 所示。

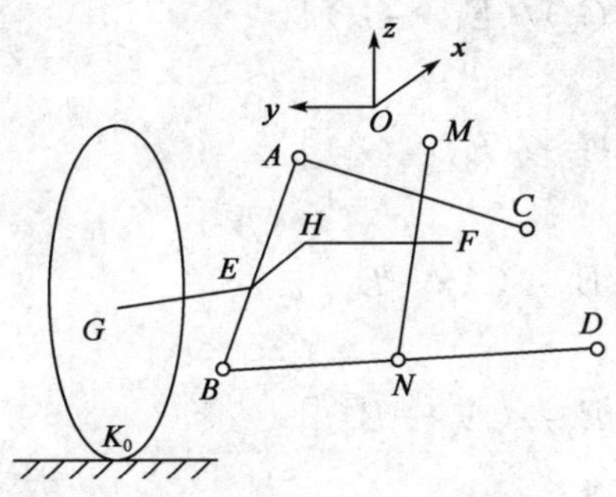

图 2-2 悬架空间拓扑结构简图

A-上横臂外接点；*B*-下横臂外接点；*C*-上横臂内接点；*D*-下横臂内接点；*E*-转向节的内接点；*F*-转向梯形的断开点；*G*-转向节的外接点；*H*-转向拉臂的铰点；*M*-减振器的上支点；*N*-减振器的下支点；*K*-车轮上搭铁点；K_0-地面上与 *K* 的重合点

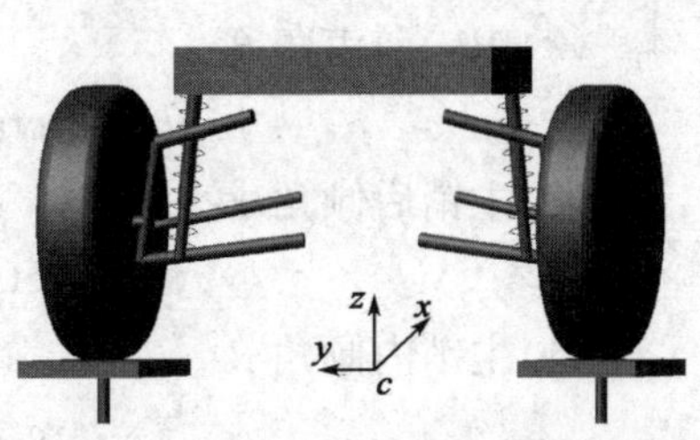

图 2-3 ADAMS 中的悬架仿真模型

悬架导向机构空间主要位置点坐标　　表 2-1

主要坐标点	*X*(mm)	*Y*(mm)	*Z*(mm)
上横臂的外接点 A	1228.5	±298.1	653.2
下横臂的外接点 B	1211.2	±660.2	452.7
上横臂的内接点 C	1186.6	±312.4	620.6
下横臂的内接点 D	1248.1	±532.3	488.4
转向节的内接点 E	1159.5	±308.1	586.2

续上表

主要坐标点	X(mm)	Y(mm)	Z(mm)
转向梯形的断开点 F	1255.2	±206.5	612.1
转向节的外接点 G	1008.2	±810.1	478.1
转向拉臂的铰点 H	1325.3	±266.2	542.2
减振器的上支点 M	1288.5	±558.3	660.4
减振器的下支点 N	1056.7	±441.4	421.7

当汽车车轮处于任一位置时，由左右车轮的对称性，汽车前轮定位参数、轮距变化量和前轮侧向滑移量可通过以下公式计算

(1)车轮外倾角 α：

$$\alpha=\arctan[(E_z-G_z)/(E_y-G_y)] \tag{2-27}$$

(2)车轮前束角 θ：

$$\theta=\arctan[(E_x-G_x)/(E_y-G_y)] \tag{2-28}$$

(3)主销后倾角 γ：

$$\gamma=\arctan[(A_x-B_x)/(A_z-B_z)] \tag{2-29}$$

(4)主销内倾角 β：

$$\beta=\arctan[(A_y-B_y)/(A_z-B_z)] \tag{2-30}$$

(5)轮距变化量 ΔH：

$$\Delta H=K_y-K'_y-L \tag{2-31}$$

(6)前轮侧向滑移量 δ：

$$\delta=K_y-K_{0y} \tag{2-32}$$

在式(2-27)～式(2-32)中，带下标 x、y、z 的大写字母表示为该字母在 x、y、z 坐标轴的坐标值。式(2-31)中 K'_y 表示右侧车轮上与 K_y 对称点的坐标，L 为轮距的初始值。

针对双横臂式悬架，适当选择并优化上下横臂的长度，通过合理的布置，就可使轮距及前轮定位参数变化在可接受的限定范围内，保证车辆具有良好的行驶稳定性。双叉臂式悬架一般采用上下不等长叉臂(上短下长)，车轮在上下运动时能自动改变外倾角，减小轮距变化，从而减小轮胎磨损。而且能自适应路面，轮胎接地面积大，贴地性能好。由于该悬架具有侧倾小、可调参数多、轮胎接地面积大及抓地性能优异等优点，因此大部分越野客车、轻型客车的前悬架一般选用双叉臂式悬架。

车轮所受的垂直力、纵向力、侧向力及回正力矩对汽车的平顺性、操纵稳定性与安全性起重要作用。轮胎模型对于车辆动力学仿真技术的发展及仿真计算结果有着很大的影响,轮胎模型精度必须与车辆模型精度相匹配。建模中采用的轮胎模型,首先要充分考虑与分析截止频率和仿真时间等问题,它由 Magic Formula 公式与刚性圈理论两者综合而成的 SWIFT(Short Wavelength Intermediate Frequency Tyre)轮胎模型。其中,Magic Formula 公式主要侧重考虑侧向力和回正力矩,分析截止频率为 60Hz,刚性圈理论主要侧重考虑纵向力和垂直力。轮胎模型示意如图 2-4 所示,本书所建悬架、轮胎及转向系模型如图 2-5、图 2-6 所示。

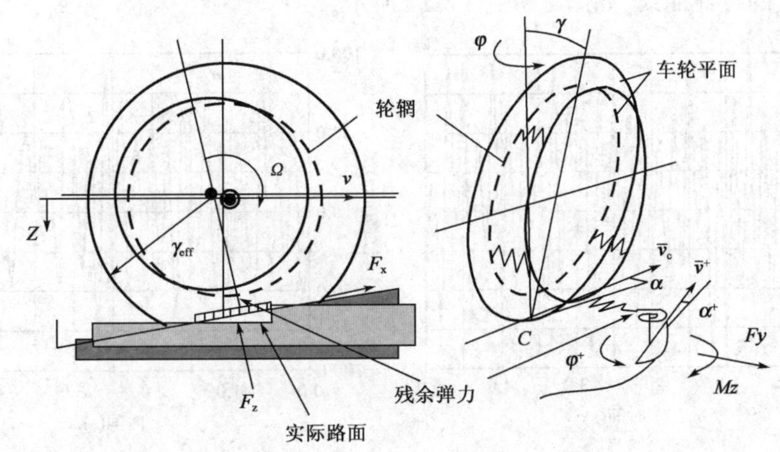

图 2-4 SWIFT 轮胎模型

图 2-5 前悬架模型总成

图 2-6 后轮及后悬架模型总成

2.3.3 运动学仿真

对左右车轮分别施加随机位移激励，这样能够确保其真实有效的模拟出通过不平路面时的实际行驶工况。同时，在测试平台和地面间移动副上创建驱动，要考虑车轮上下最大跳动量。具体的随机激励产生步骤如下：

(1)首先转换实测的左右车轮空间路面不平度为某一车速下的时间路面不平度。

(2)然后应用样条函数 CUBSPL 拟合为时间-随机位移激励。

(3)其次得出驱动左右车轮的时间-位移曲线，如图 2-7、图 2-8 所示。

(4)最后仿真分析出轮距、4 个前轮定位参数以及车轮上下跳动变化时前轮侧向滑移量的特性曲线，如图 2-9～图 2-14 所示。

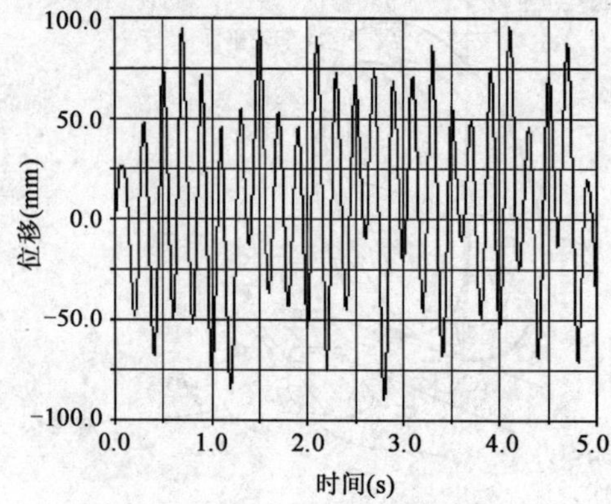

图 2-7　左侧车轮的驱动位移曲线

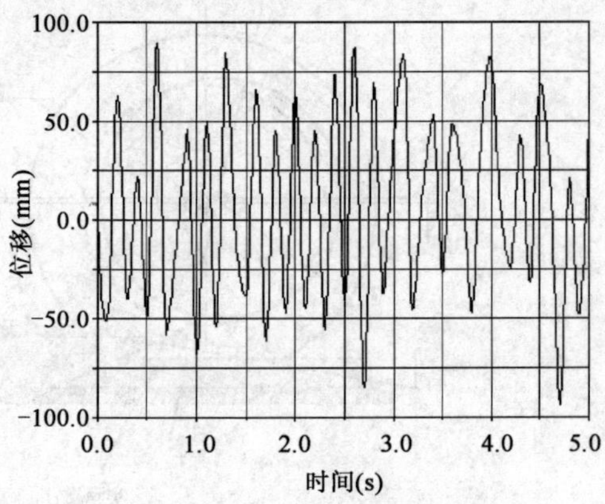

图 2-8　右侧车轮的驱动位移曲线

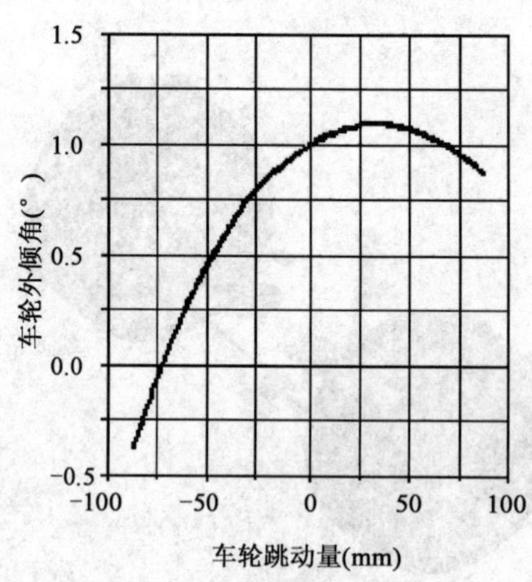

图 2-9　车轮外倾角随车轮跳动变化

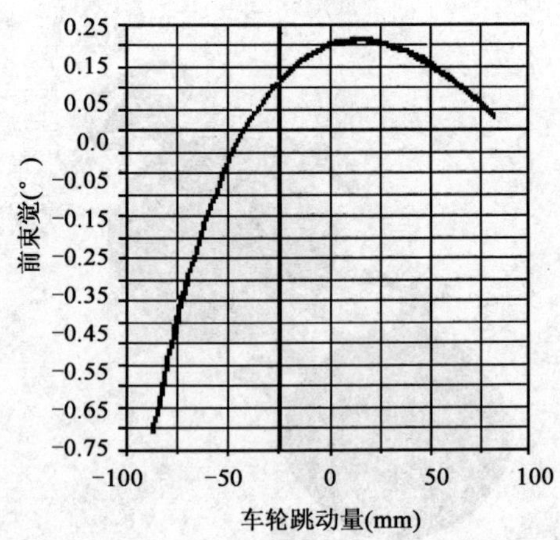

图 2-10　前束角随车轮跳动变化

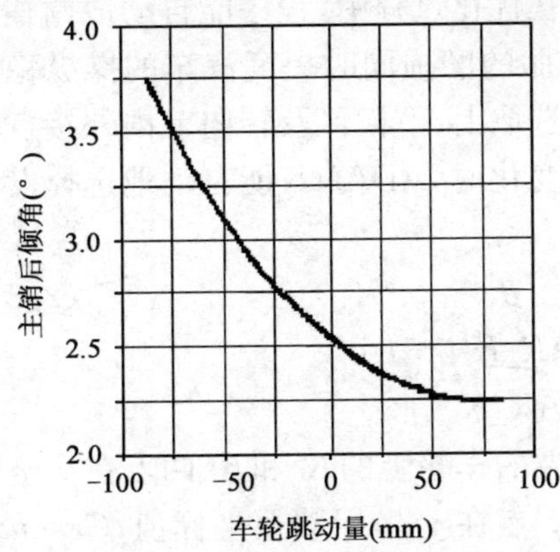

图 2-11　主销后倾角随车轮跳动变化

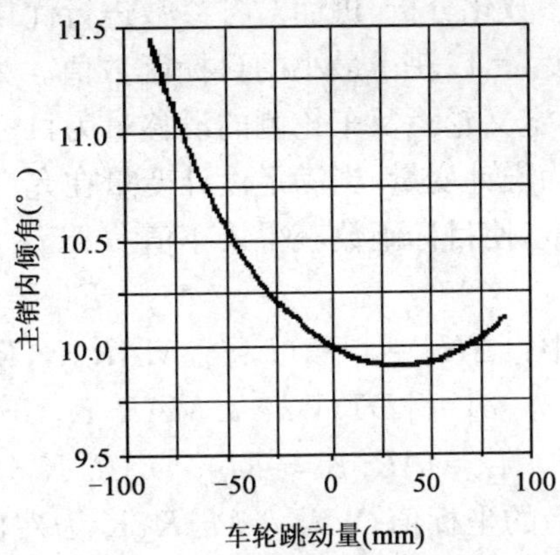

图 2-12　主销内倾角随车轮跳动变化

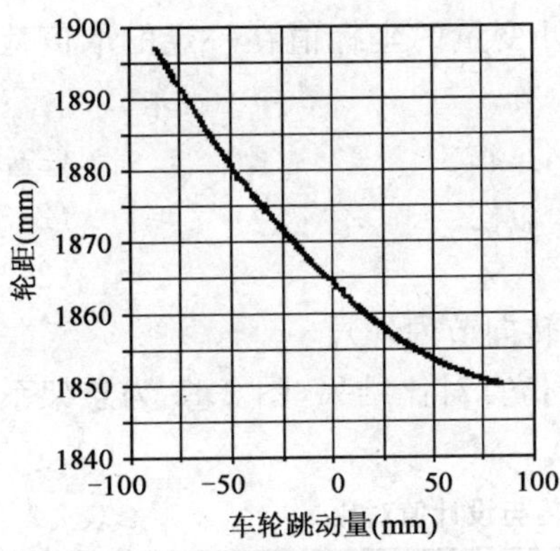

图 2-13　轮距随车轮跳动变化

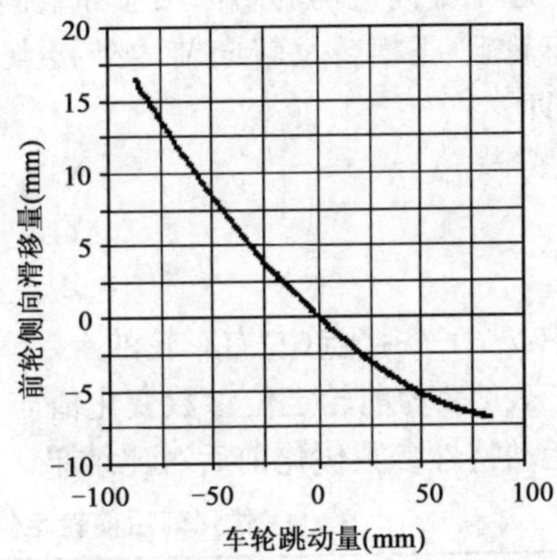

图 2-14　侧向滑移量随车轮跳动变化

从仿真结果来看，车轮外倾角、前束角、主销后倾角和主销内倾角各参数随车轮上下跳动变化较小，均在设计的目标范围内(表 2-2)。侧向滑移量与轮距有较大的变化量:侧向滑移量变化范围为－6.99～16.48mm，轮距变化范围为 1849.97～1896.98mm。轮胎的侧偏角是由轮距变化引起的，侧偏角产生侧向力输入。当汽车侧倾时，两侧车轮可能有相同方向的横向滑移，不能抵消由轮距变化引起的侧向力，车辆的操纵稳定性就会降低。这不仅会使汽车的行驶安全性、直线行驶稳定性与转向轻便性受到影响，还会导致轮胎早期磨损与使用寿命降低。

2.3.4　运动特性参数优化

ADAMS 软件为用户提供了强大的参数优化分析功能，用户可通过参数化建立模型，对模型的设计变量取不同的参数值进行仿真，然后根据返回的仿真结果进行参数化分析，进而对各参数进行优化分析。在优化过程中，程序能自动地调整设计变量，以获得最小的目标函数值。为减轻轮胎的磨损同时提高汽车的操纵稳定性，定义轮距及车轮侧向滑移量为目标函数。选取上、下横臂及转向节内外接点坐标为设计变量，当满足设计变量在允许的范围变化时，ADAMS 能自动地选择设计变量，使目标函数获得最小值。

$$F_{obj} = |\Delta H| + |\delta| \tag{2-33}$$

式中：$|\Delta H| = |DY(L_{Wheel}.MAR\_K, R_{Wheel}.MAR\_K') - L|$

$|\delta| = |DY(Wheel.MAR\_K, Ground.MAR\_K_0)|$

$L_{Wheel}MAR\_K$ 与 $R_{Wheel}MAR\_K'$ 分别表示左右车轮上的 K 和 K' 两点在 y 坐标轴上的坐标值；$Wheel.MAR\_K$ 为左侧车轮 K 点在 y 坐标轴上坐标值；$Ground.MAR\_K_0$ 为地面上 K_0 点在 y 坐标轴上坐标值；DY 为位移函数。

悬架导向机构的结构尺寸和空间位置影响运动特性参数，选取设计变量为左右车轮上、下横臂及转向节内外接点，约束设计变量的坐标值在一定的取值范围内，即

$$X_{i\min} < X_i < X_{i\max} \tag{2-34}$$

$$Y_{i\min} < Y_i < Y_{i\max} \tag{2-35}$$

$$Z_{i\min} < Z_i < Z_{i\max} \tag{2-36}$$

式中：i——各接点(左右车轮的上、下控制臂与转向节内外)。

表 2-2 为前轮定位参数变化值与设计值的仿真对比结果，图 2-15 为悬架系统的运动特性参数优化前后对比结果。

优化前后前轮定位参数变化值与设计值对比 表 2-2

前轮定位参数	优化前		优化后		设计值	目标变化量
	变化范围	变化量	变化范围	变化量		
车轮外倾角(°)	−0.37～1.09	1.46	−0.13～1.18	1.31	0～1.5	1.5
前束角(°)	−0.71～0.21	0.92	−0.52～0.20	0.72	−1～0.5	1.0
主销后倾角(°)	2.24～3.75	1.51	2.15～3.42	1.27	2.5～3.8	1.8
主销内倾角(°)	9.91～11.43	1.52	10.38～11.28	0.9	9.5～12.1	2.0

从上述优化仿真结果可以看出，前轮定位参数的车轮外倾角、前束角、主销后倾角及主销内倾角在优化前后的变化量较小。前轮侧向滑移量和轮距变化较大，前轮的侧向滑移量数值由 16.48mm 减小到 2.23mm，前轮滑移量的减小能够降低轮胎磨损，以保证汽车直线行驶的稳定性。轮距的变化数值从 1858.46mm 增加到 1866.74mm，满足汽车轮距变化量的设计要求，当车轮上下跳动时，车轮轮距适当

地增加，有利于提高车辆的操纵稳定性。

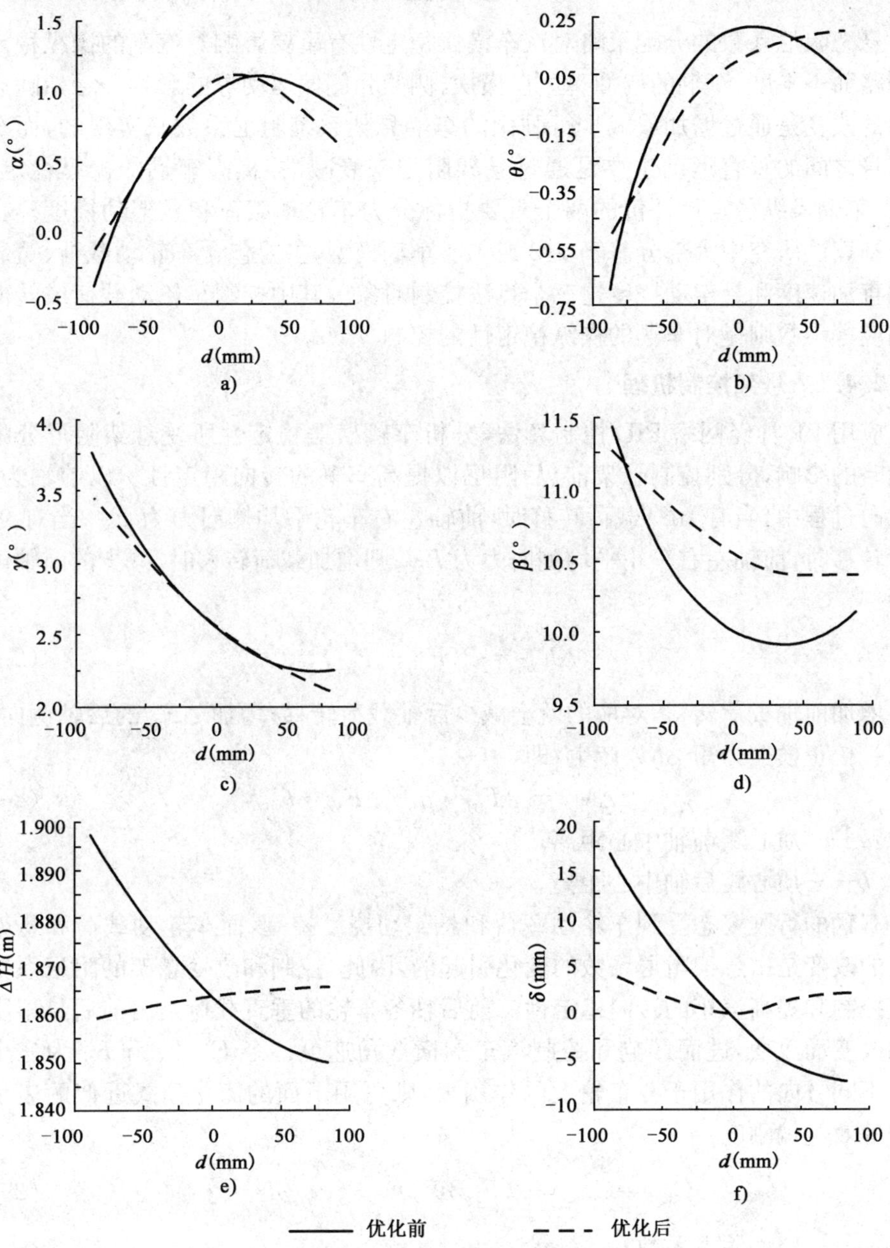

图 2-15 悬架的运动特性参数优化前后的对比曲线

2.4 悬架控制策略

悬架阻尼系数的分配策略对汽车横摆稳定性有重要影响。汽车的操纵稳定性受到路面不平度、车辆的俯仰、垂直、横摆、侧倾和侧偏运动等的影响。悬架瞬态阻尼力的改变是通过增加或减少行驶中的车辆悬架系统阻尼系数来实现的,而车轮与车身之间的垂直运动主要是通过悬架阻尼来衰减的,提高车辆的操纵稳定性。所以,车辆操纵稳定性评价的两个重要指标分为车轮动载荷和悬架动挠度。在悬架控制算法研究中大部分基于 1/2 或 1/4 车辆模型,主要包含车轮动载荷、簧载质量垂直加速度和悬架动挠度这三个算法控制对象。其中控制车轮动载荷或转向输入响应等参数则是对车辆的操纵稳定性的控制。

2.4.1 悬架控制机理

应用 BP 神经网络 PID 控制算法,分析车辆横摆稳定性所受悬架阻尼分配控制策略的影响,分别控制悬架前、后阻尼以提高车辆的转向稳定性。以前轴为例,在转向过程中,当有 ΔF_{z1} 载荷转移时,前轴左右车轮平均侧向力为 F_{y1};当有 ΔF_{z2} 载荷转移时,前轴左右车轮平均侧向力为 F_{y2};则增加载荷转移时,减少的前轴侧向力为

$$\Delta F_{yf} = 2(F_{y1} - F_{y2}) \tag{2-37}$$

增加前轴载荷转移,对应的就会减少后轴载荷转移,增加 ΔF_{yr} 的后轴侧向力,进而一校正横摆力矩 ΔM_z 产生,即

$$\Delta M_z = \Delta F_{yf} \cdot a - \Delta F_{yr} \cdot b \tag{2-38}$$

式中:a——质心距前轴中心距离;

b——质心距后轴中心距离。

车辆的行驶姿态受到车轮动载荷和悬架动挠度控制,而车轮动载荷和悬架动挠度的改变是由悬架阻尼系数的变化引起的,因此,控制和改变悬架的阻尼系数就能够控制和提高汽车的转向稳定性。前后轴各车轮的垂直载荷是由前后悬架阻尼力的改变而改变,进而影响和控制汽车的横摆角速度。令 F_x、F_y 和 F_z 为三个动态且不同方向的作用于各车轮上的作用力,则可用下面的简化公式近似的表示车轮的等效侧偏刚度:

$$C_\alpha^* = C_{\alpha 0}[1 - (F_x/\mu F_z)^2 - (F_y/\mu F_z)^2] \tag{2-39}$$

式中:μ——路面附着系数;

$C_{\alpha 0}$——侧偏刚度(无侧偏时);

$F_x^2+F_y^2\leqslant(\mu F_z)^2$。

综上所述，通过改变悬架系统阻尼系数可以改变车轮上的垂直载荷，进而改变车轮的侧偏刚度，能够有效抑制车辆的过多转向，提高汽车的稳定性。图 2-16～图 2-18 为各参量的变化趋势。瞬态阻尼力的改变可以通过增加或减少行驶中的车辆减振器的阻尼系数来实现，同时还能使簧载质量的垂直加速度、行驶中汽车的侧倾和俯仰程度得到改变。阻尼力的增加可以缩短车辆姿态改变时的振荡，使乘客感觉更舒适。并且，悬架系统阻尼的干涉为汽车提供最小法向力作用是行车安全至关重要的保障。例如，由于较大振幅时，使得路面对车轮切向反作用力为零，此时车轮的法向作用力即降为零，以致车轮接地处于危险状态。因此，无论处于何种的条件，车辆的悬架系统都应保证车轮与路面间持续存在足够的法向作用力。

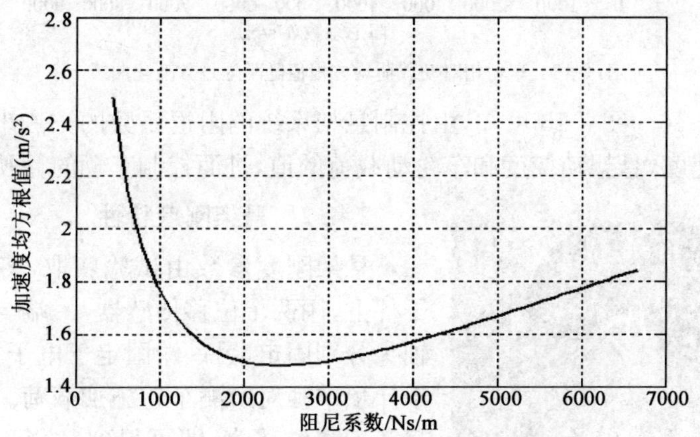

图 2-16 车身加速度均方根值随阻尼系数变化曲线

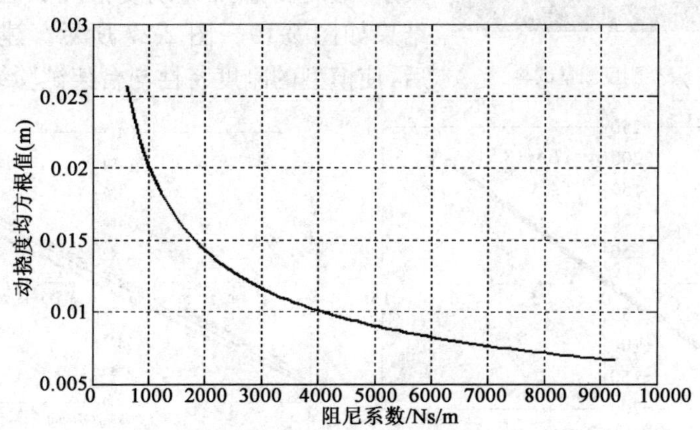

图 2-17 悬架动挠度均方根值随阻尼系数变化曲线

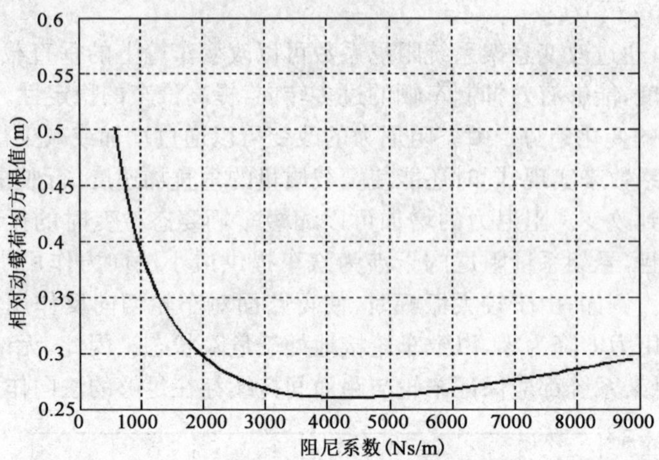

图 2-18 车轮相对动载荷均方根值随阻尼系数变化曲线

通过图 2-16～图 2-18 可知，由控制悬架系统的阻尼系数的方法来改变簧载质量的垂直加速度，悬架动挠度和车轮动载荷的值，进而控制车辆的行驶姿态。

图 2-19 悬架刚度测量试验

2.4.2 悬架刚度特性

悬架刚度参数由试验获取，将车轮置于电子秤上，用两个位移传感器，一端与车身和轮胎轴头分别固定，另一端固定于电子秤表面，通过千斤顶单独对所测车轮施加载荷。用计算机计算载荷和位移值，即可得到载荷和位移之间的关系，最终得悬架的刚度值。试验过程与测量结果如图 2-19～图 2-27 所示。建立悬架模型后，使模型的刚度特性与台架试验结果一致。

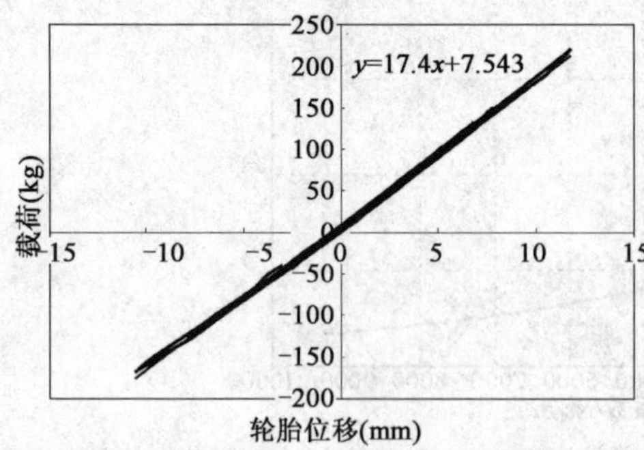

图 2-20 左前轮轮胎载荷-位移变形曲线

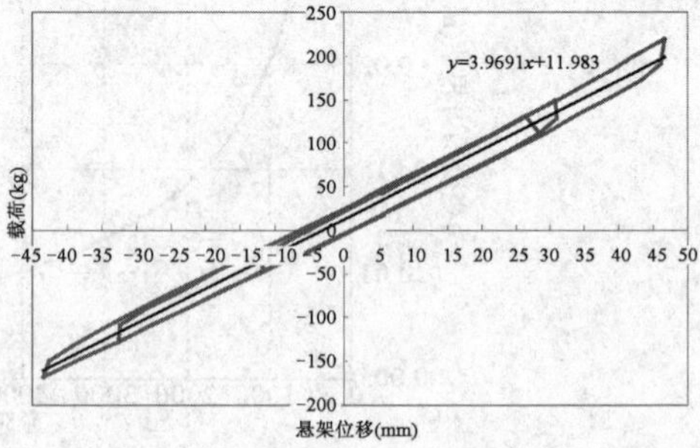

图 2-21 左前悬架载荷-位移变形曲线

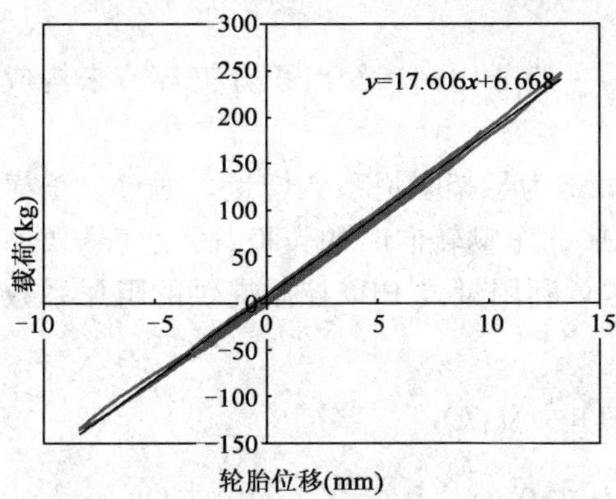

图 2-22 右前轮轮胎载荷-位移变形曲线

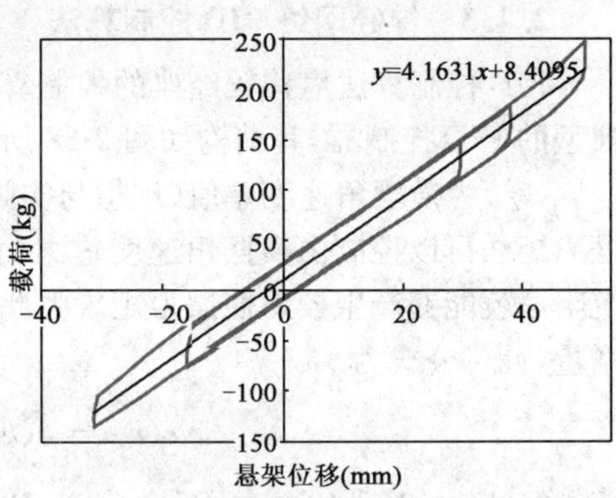

图 2-23 右前悬架载荷-位移变形曲线

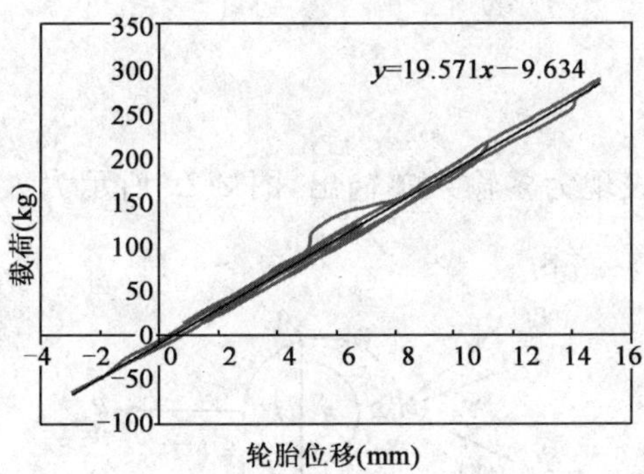

图 2-24 左后轮轮胎载荷-位移变形曲线

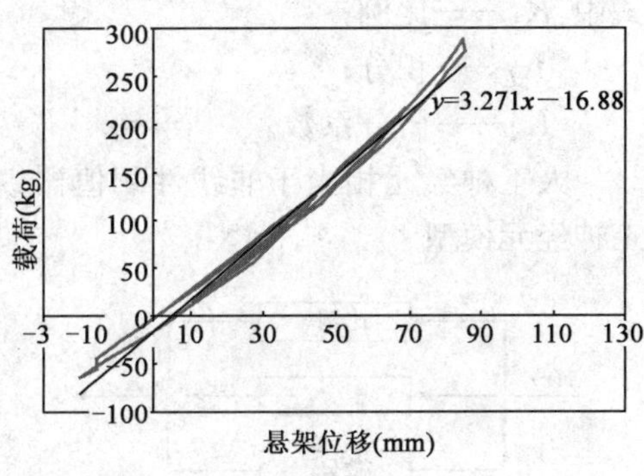

图 2-25 左后悬架载荷-位移变形曲线

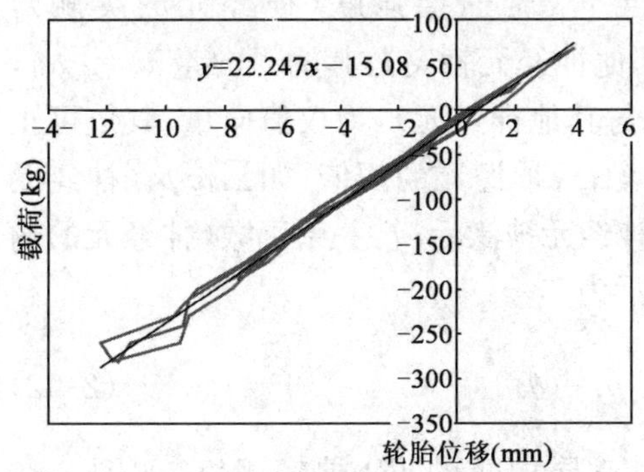

图 2-26 右后轮轮胎载荷-位移变形曲线

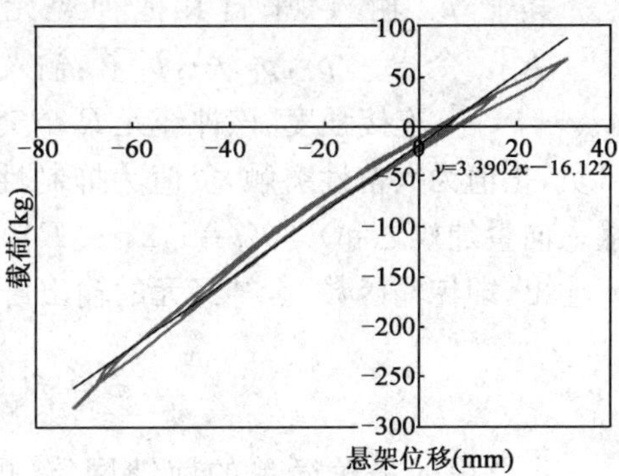

图 2-27 右后悬架载荷-位移变形曲线

2.4.3 神经网络 PID 控制算法

PID 控制算法堪称较经典的控制算法，一般分比例、微分、积分三环节来构成典型的 PID 控制器，其结构如图 2-28 所示。

$e(\dot{\gamma})$为横摆角速度差值（理想与实际）；Δc 为悬架阻尼系数增量。通过校正横摆力矩法可以控制由横摆角速度过大而造成的车辆转向时的失稳，而改变悬架系统阻尼就能够产生校正横摆力矩。由此，本章利用量式 PID 控制提供的阻尼系数增量，计算公式为

$$c(k) = c(k-1) + \Delta c(k) \tag{2-40}$$

$$\Delta c(k) = K_p[e(\dot{\gamma})_k - e(\dot{\gamma})_{k-1}] + K_i e(\dot{\gamma})_k + K_d[e(\dot{\gamma})_k - 2e(\dot{\gamma})_{k-1}] + e(\dot{\gamma})_{k-2} \tag{2-41}$$

式中：K_p——比例；

K_i——积分；

K_d——微分系数。

人工神经元相当于非线性阈值器件，表现为多输入单输出，图 2-29 所示为人工神经元模型。

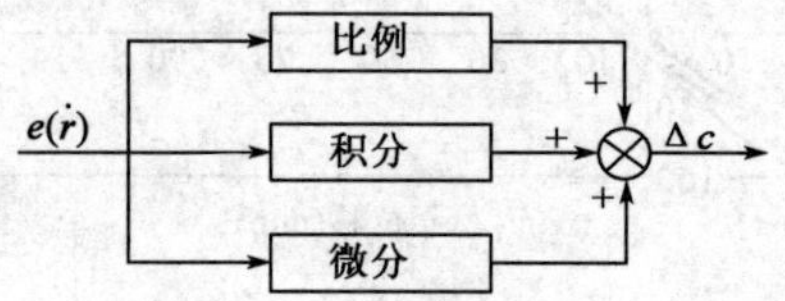

图 2-28 PID 控制器模型

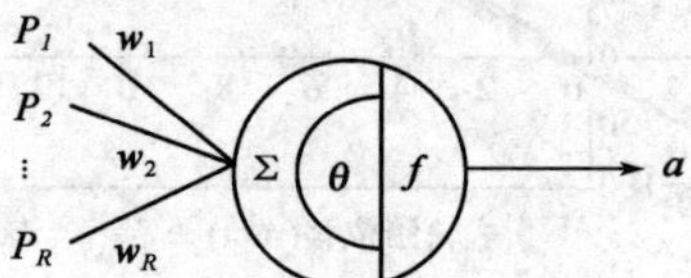

图 2-29 人工神经元模型

其中，p_i：输入（来自其他神经元轴突），w_i：连接强度（神经元的突触），$i([1,R]$。令 $p=[p_1,p_2,\cdots,p_R]^T$：输入（其他神经元轴突），其输入向量 $w=[w_1,w_2,\cdots,w_R]$：连接强度（该神经元 R 个突触与其他神经元），为权值向量，其值可正可负，正值为兴奋性突触，负值为抑制性突触；θ：神经元的阈值，如$\sum w_i p_i$（神经元输入向量加权之和）$>\theta(i=1,2,\cdots,R)$，则神经元被激活；f：关系函数（神经元的输入输出，即传输函数）。神经元的输出可表示为

$$a = f(\sum_{i=1}^{R} w_i p_i - \theta) \tag{2-42}$$

本书用的是较简单的前馈网络，即由三层构成的 BP 神经网络，如图 2-30 所示。

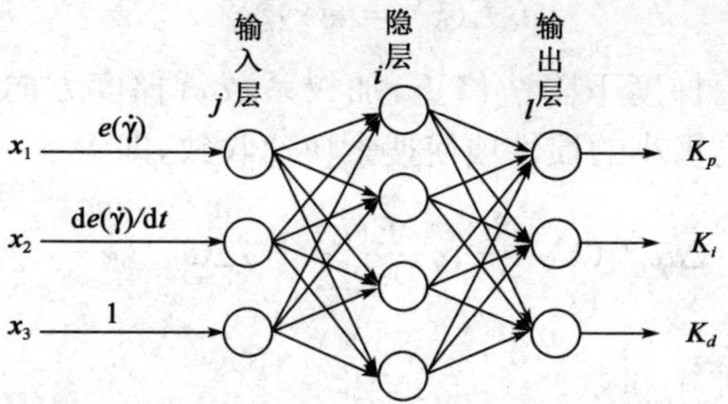

图 2-30 典型 BP 神经网络模型

其中，$x_1=e(\dot{\gamma})$：横摆角速度误差（理想与实际的）；$x_2=\mathrm{d}e(\dot{\gamma})/\mathrm{d}t$：误差增量；$x_3=1$：偏值。输入层输入为

$$O_j^{(1)}=x(j)\quad(j=1,2,3)\tag{2-43}$$

网络的隐层输入、输出分别为

$$net_i^{(2)}(k)=\sum_{j=1}^{3}w_{ij}^{(2)}O_j^{(1)}\tag{2-44}$$

$$O_i^{(2)}(k)=f(net_i^{(2)}(k))\quad(i=1,2,3,4)\tag{2-45}$$

式中：$w_{ij}^{(2)}$——隐层的加权系数，输入层为上角标 1，隐层为上角标 2。

取正负对称的 Sigmoid 函数为隐层神经元活化函数，即

$$f(x)=\tanh(x)=(e^x-e^{-x})/(e^x+e^{-x})\tag{2-46}$$

网络的输出层输入、输出为

$$net_l^{(3)}(k)=\sum_{i=1}^{4}w_{li}^{(3)}O_i^{(2)}(k)\tag{2-47}$$

$$O_l^{(3)}(k)=g(net_l^{(3)}(k))\quad(l=1,2,3)\tag{2-48}$$

$$O_1^{(3)}(k)=K_p$$

$$O_2^{(3)}(k)=K_i$$

$$O_3^{(3)}(k)=K_d\tag{2-49}$$

其中输出层为上角标 3；输出层加权系数为 $w_{li}^{(3)}$。三个可调参数 K_p、K_i、K_d 为输出层的对应节点，由其非负值，因此取非负的 Sigmoid 函数为输出层神经元活化函数，即

$$g(x)=(1+\tanh(x))/2=e^x/(e^x+e^{-x})\tag{2-50}$$

取性能指标函数为

$$E(k)=e(\dot{\gamma})_k^2/2 \tag{2-51}$$

网络权系数应用梯度下降法修正，加权系数负梯度方向按 $E(k)$ 进行搜索调整，同时，附加一全局极小的惯性项使搜索快速收敛，即

$$\Delta w_{li}^{(3)}(k)=-\eta\frac{\partial E(k)}{\partial w_{li}^{(3)}}+\alpha\Delta w_{li}^{(3)}(k-1) \tag{2-52}$$

式中：η——学习速率；

α——惯性系数。其中：

$$\frac{\partial E(k)}{\partial w_{li}^{(3)}(k)}=\frac{\partial E(k)}{\partial y(k)}\cdot\frac{\partial y(k)}{\partial\Delta u(k)}\cdot\frac{\partial\Delta u(k)}{\partial O_l^{(3)}(k)}\cdot\frac{\partial O_l^{(3)}(k)}{\partial net_l^{(3)}(k)}\cdot\frac{\partial net_l^{(3)}(k)}{\partial w_{li}^{(3)}(k)} \tag{2-53}$$

$$\frac{\partial net_l^{(3)}(k)}{\partial w_{li}^{(3)}(k)}=O_i^{(2)}(k) \tag{2-54}$$

近似用符号函数 $\mathrm{sgn}\left(\frac{\partial y(k)}{\partial\Delta u(k)}\right)$ 取代未知的 $\frac{\partial y(k)}{\partial\Delta u(k)}$，通过调整学习速率 η 补偿计算的不精确。

通过式(2-14)、式(2-15)和式(2-18)、式(2-19)得

$$\frac{\partial\Delta u(k)}{\partial O_1^{(3)}(k)}=e(\dot{\gamma})_k-e(\dot{\gamma})_{k-1} \tag{2-55}$$

$$\frac{\partial\Delta u(k)}{\partial O_2^{(3)}(k)}=e(\dot{\gamma})_k \tag{2-56}$$

通过上述分析，可得网络输出层权的学习算法为

$$\Delta w_{li}^{(3)}(k)=\alpha\Delta w_{li}^{(3)}(k-1)+\eta\delta_l^{(3)}O_i^{(2)}(k) \tag{2-57}$$

$$\delta_l^{(3)}=e(\dot{\gamma})_k\,\mathrm{sgn}\left(\frac{\partial y(k)}{\partial\Delta u(k)}\right)\cdot\frac{\partial\Delta u(k)}{\partial O_l^{(3)}(k)}g'(net_l^{(3)}(k)) \tag{2-58}$$

同理，可得隐层加权系数的学习算法为

$$\Delta w_{ij}^{(2)}(k)=\alpha\Delta w_{ij}^{(2)}(k-1)+\eta\delta_i^{(2)}O_i^{(1)}(k) \tag{2-59}$$

$$\delta_i^{(2)}=f'(net_i^{(2)}(k))\sum_{l=1}^{3}\delta_l^{(3)}w_{li}^{(3)}(k) \tag{2-60}$$

其中，$g'(\cdot)=g(x)(1-g(x))$；$f'(\cdot)=(1-f^2(x))/2$。

综上所述，建立阻尼 BP 神经网络 PID 控制器，其结构如图 2-31 所示，控制算法步骤如下：确定网络结构、各层的加权系数初值、学习速率和惯性系数，令 $k=1$；

计算此刻横摆角速度误差；计算各层神经元的输入和输出；计算 PID 控制器的输出；进行神经网络学习并调整加权系数，实现参数自适应调整 PID 控制，令 $k=k+1$，返回第一步。

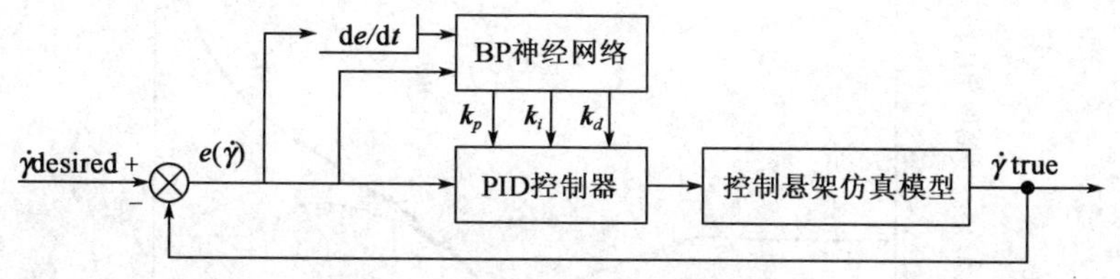

图 2-31　BP 神经网络 PID 算法框图

2.4.4　典型工况控制

本书在车轮仿真时，仿真条件设定路面输入为 A 级，转向时四个车轮有着不同的行驶轨迹，依照路面不平度系数 $Gq(n_0)=20\times10^{-6}m^2/m^{-1}$ 时空间频率 $n_0=0.1m^{-1}$，产生积分白噪声。应用模块 MATLAB/Simulink 建立车辆悬架系统控制动力学仿真软件，利用 BP 神经网络 PID 闭环实施控制，而汽车的过多转向特性是由横摆角速度的误差(理想与实际间的)作输入控制前后悬架的阻尼值来矫正的，进而能提高汽车的操纵稳定性。

2.4.4.1　单移线工况控制

在仿真时，前后悬架阻尼分别并且同时由两个 BP 神经网络 PID 控制器控制，仿真条件为：汽车在 A 级路面上以 25m/s 的车速行驶，设定 0.9 为路面附着系数，以正弦输入为前轮转向角输入，3s 为周期，前轮转向角输入的最大值为 0.1，以角度为 0 时间为 1s 为起始点。仿真结果如图 2-32～图 2-37 所示。

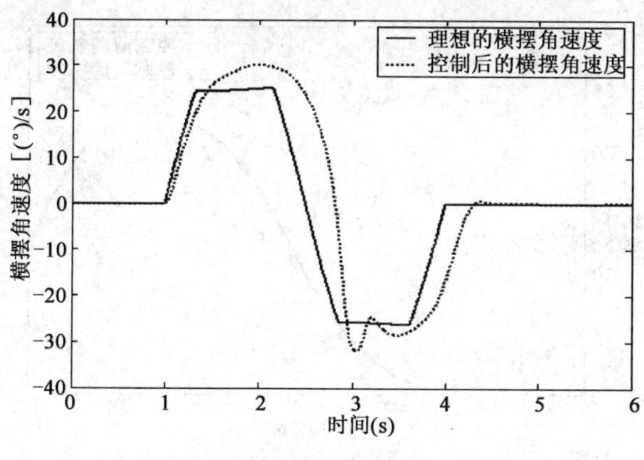

图 2-32　控制后车辆横摆角速度

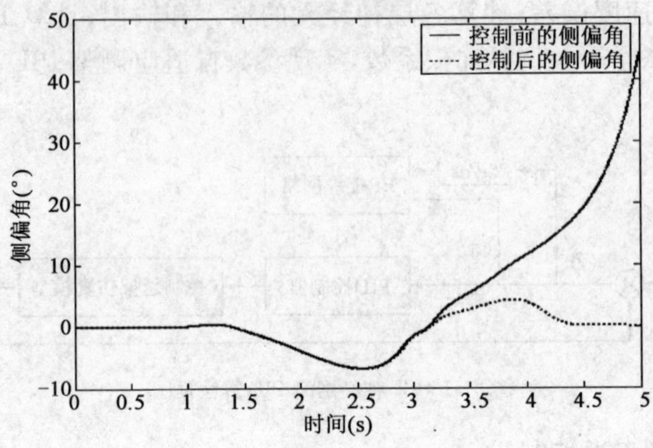

图 2-33 控制前后车辆侧偏角

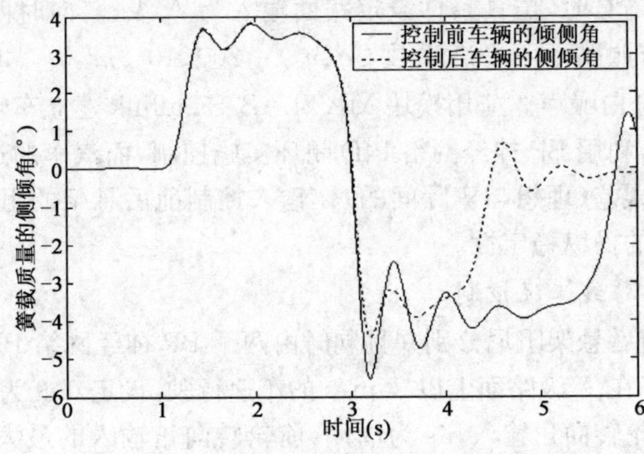

图 2-34 控制前后簧载质量的侧倾角

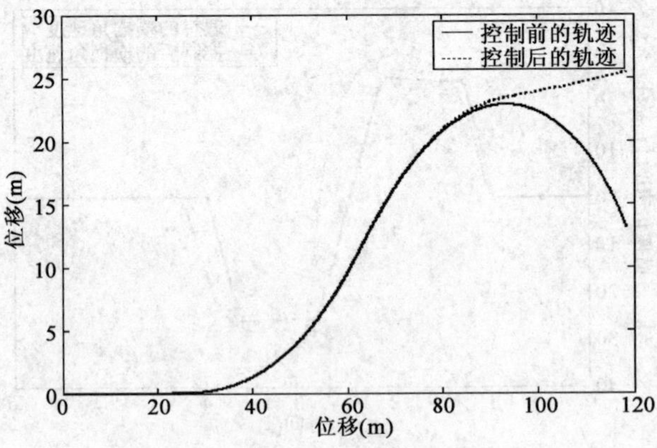

图 2-35 控制前后车辆行驶轨迹

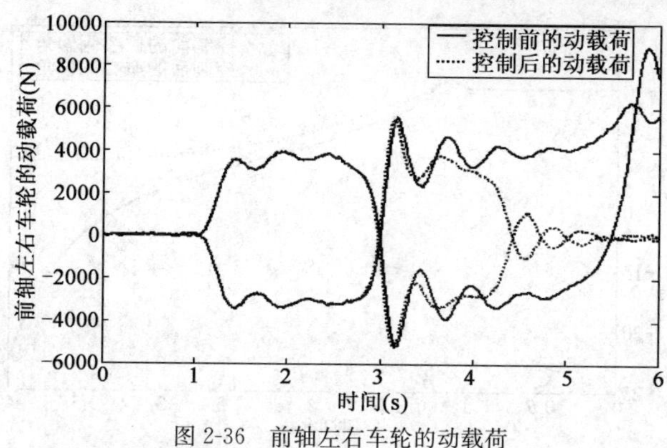

图 2-36 前轴左右车轮的动载荷

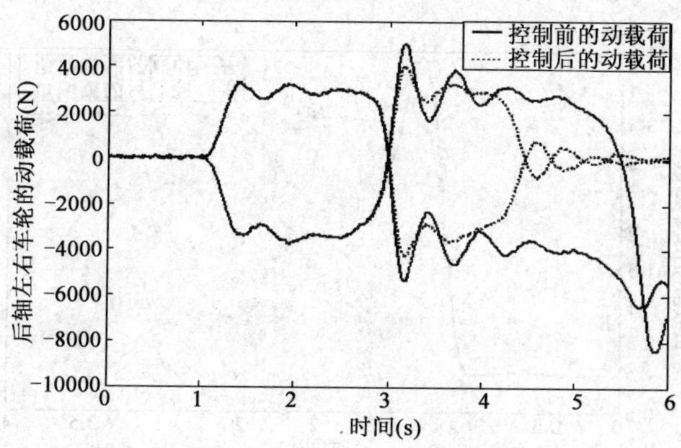

图 2-37 后轴左右车轮的动载荷

2.4.4.2 阶跃工况控制

在仿真时，前后悬架阻尼分别并且同时由两个 BP 神经网络 PID 控制器控制，仿真条件为：汽车在 A 级路面上以 20m/s 的车速行驶，设定 0.9 为路面附着系数，并且在 0.1s 内前轮转向角达到 0.1 这个最大值，仿真结果如图 2-38～图 2-42 所示。

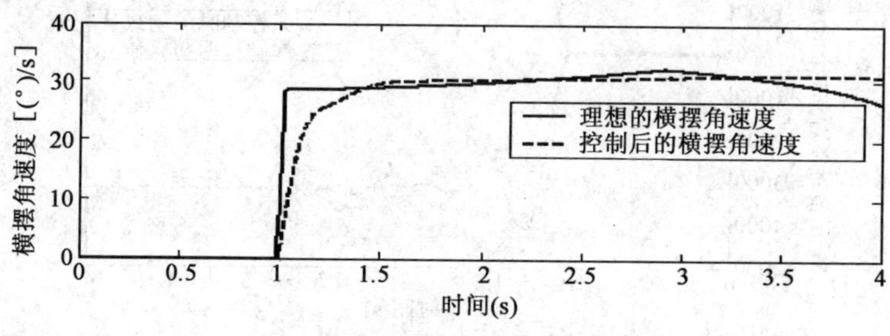

图 2-38 控制后车辆的横摆角速度

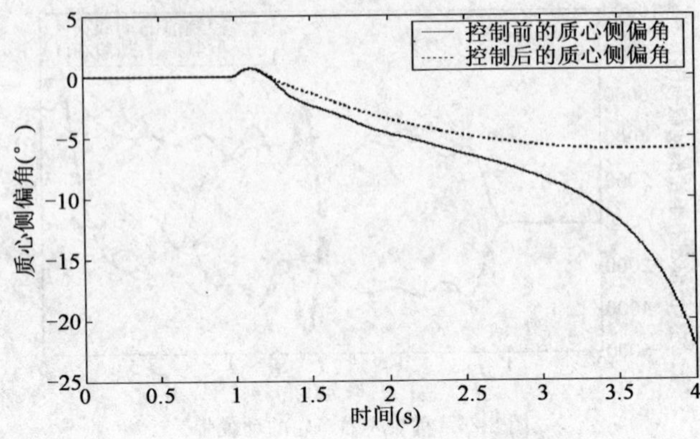

图 2-39 控制前后车辆质心侧偏角

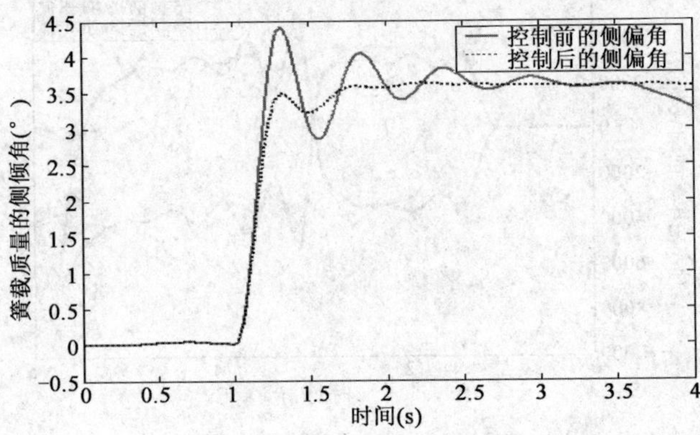

图 2-40 控制前后簧载质量的侧倾角

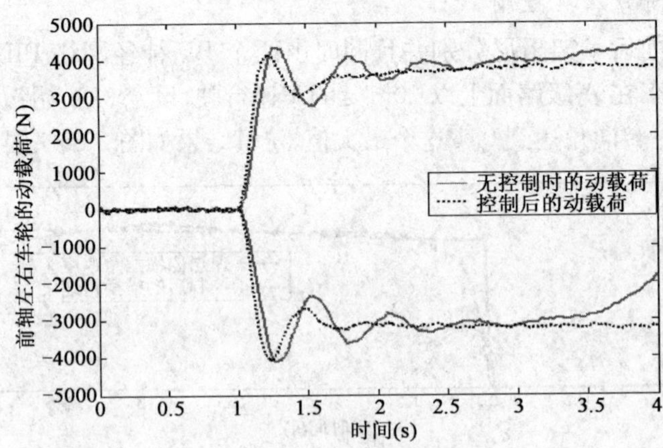

图 2-41 前轴左右车轮的动载荷

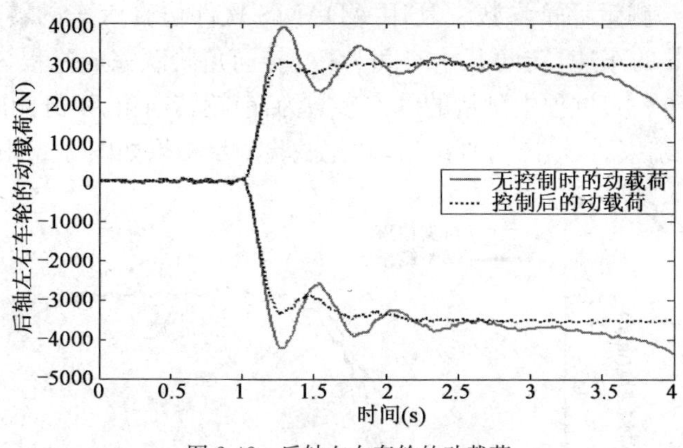

图 2-42 后轴左右车轮的动载荷

从仿真结果可以看出,两种工况在 BP 神经网络 PID 控制算法控制下结果比较理想,说明了应用此控制算法的正确性。明显地减小了簧载质量的侧倾角和车辆的质心侧偏角。由过多转向产生的校正横摆力矩被有效抑制,这个横摆力矩是由汽车转向时前后轴车轮动载荷变化产生的,而引起这一改变的恰是悬架系统阻尼系数的变化。

2.5 车辆的行驶稳定性

2.5.1 操纵稳定性

汽车的操纵稳定性是汽车最重要的使用性能之一,它包括操纵性和稳定性。是指在驾驶员不感觉过分紧张、疲劳的条件下,汽车能按照驾驶员通过转向系及转向车轮给定的方向(直线或转弯)行驶;且当受到外界干扰(路不平、侧风、货物或乘客偏载)时,汽车能抵抗干扰而保持稳定行驶的性能。本节通过两种典型的试验工况:转向盘转角阶跃输入试验和稳态回转试验,对汽车进行操纵稳定性试验并对其进行仿真分析与验证。

2.5.1.1 转向盘角阶跃输入

评价汽车操纵稳定性有主观评价和客观评价两种方法:客观评价法是通过测试仪器测出表征性能的物理量,主观评价法就是让试验评价者根据试验时自己的感觉来进行评价,操纵稳定性常用转向盘角阶跃输入下的瞬态响应来表征。试验时车辆先沿直线行驶,保持转向盘为直线位置,然后迅速将转向盘转到预想位置,保持不动数秒,使汽车响应达到新的稳定状态,试验场地都没有足够的空间保证汽车在转向盘阶跃输入改变行驶方向后从容的达到稳定状态。依照汽车操纵稳定性试验的相关规定，测量评价参数。利用 ADAMS 软件仿真汽车的转向盘角阶跃试验，设定 75km/h 的车速，转向开始时间为 2s，转向角阶跃完成过程为 0.2s，稳态侧向加速度为 0.1g。其过程中测量的基本参数为：前轮转向角、车身侧向加速度、汽车的横摆角速度。结束后，输出仿真结果，对比试验测量结果如图 2-43 和图 2-44 所示。

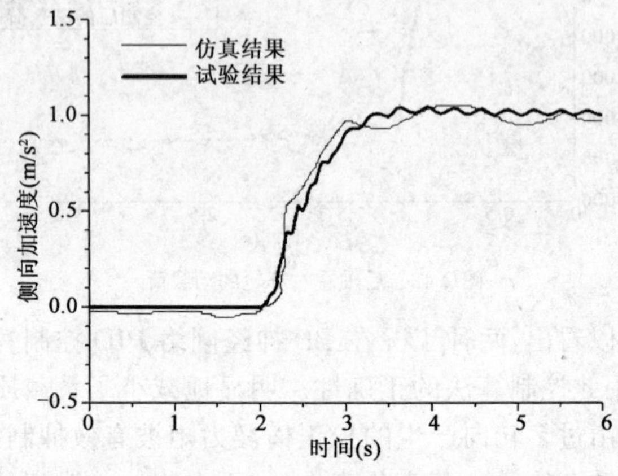

图 2-43　侧向加速度对比

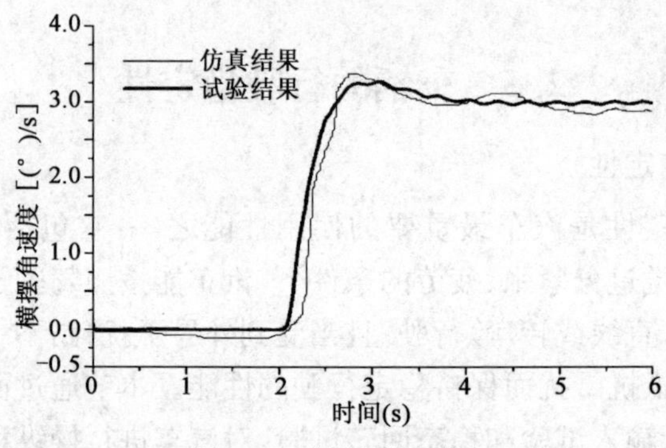

图 2-44　横摆角速度对比

通过仿真结果与试验结果对比分析看，两者吻合较好，即说明建立的车辆虚拟样机仿真模型的瞬态响应特性正确且满足精度要求。

2.5.1.2　稳态回转

依照汽车操纵稳定性试验的相关规定测量评价参数。利用 ADAMS 软件仿真汽车的稳态回转试验，其过程中测量的基本参数为：汽车车速、侧向加速度、横摆角速度与车身侧倾角等。结束后，输出并处理仿真结果，对比试验测量结果如图 2-45 和图 2-46 所示。

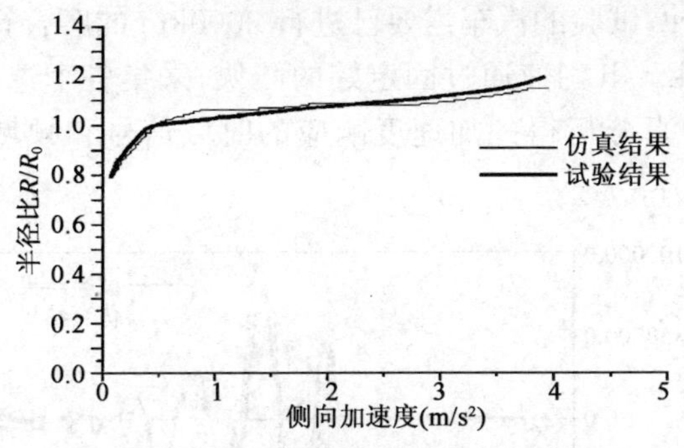

图 2-45　瞬时转向半径与初始转向半径之比

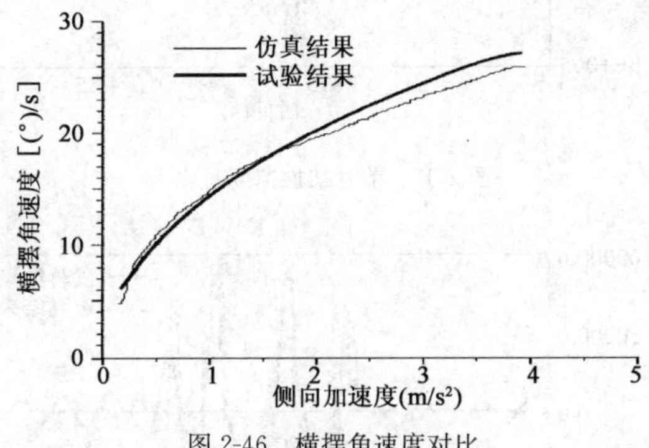

图 2-46　横摆角速度对比

由图 2-45 和图 2-46 可以看出，稳态回转仿真结果与试验结果一致性较好，说明利用 ADAMS 软件建立的汽车模型是正确的。

2.5.2　行驶平顺性

汽车行驶平顺性是指汽车在一般行驶速度范围内行驶时，能保证乘员不会因车身振动而引起不舒服和疲劳的感觉，以及保持所运货物完整无损的性能。汽车行驶平顺性的评价方法，通常是根据人体对振动的生理反应及对保持货物完整性的影响来制定的，并用振动的物理量（如频率、振幅、加速度、加速度变化率等）作为行驶平顺性的评价指标，是一个极为复杂的过程。研究汽车平顺性的主要目的就是控制汽车振动系统的动态特性，使振动的“输出”在给定工况的“输入”下不超过一定界限，以保持乘员的舒适性。本章利用脉冲激励与随机路面试验，通过 ADAMS 进行汽车悬架系统的仿真分析，并比较仿真结果与道路试验结果，用以验证并调整仿真模型。

2.5.2.1　脉冲激励

依照汽车行驶平顺性脉冲输入行驶的试验方法，采用长为 40cm、高为 12cm 的单凸块作为输入脉冲，试验的汽车需要已进行 3000km 的磨合行驶，在试验场的强化路面上以车速 20km/h 匀速通过固定好的凸块，采集各个选定测量点的加速度测量信号，与通过仿真分析得到加速度响应的时域信号和频域信号进行对比，如图 2-47～图 2-52 所示。

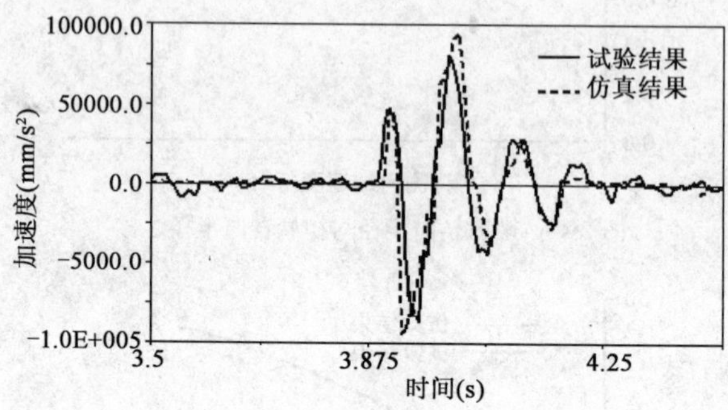

图 2-47　前悬架加速度对比

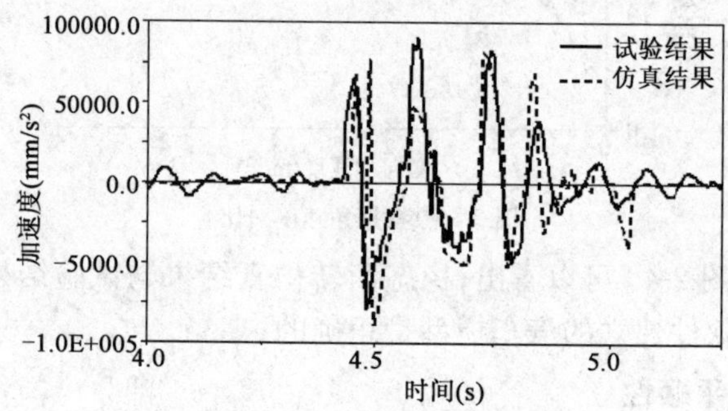

图 2-48　后悬架加速度对比

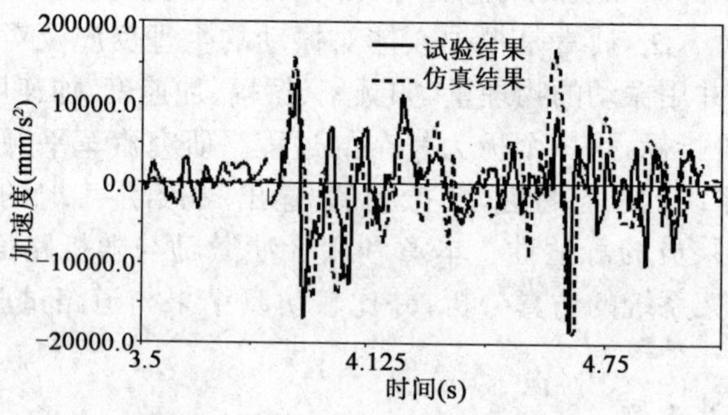

图 2-49　驾驶室底板加速度对比

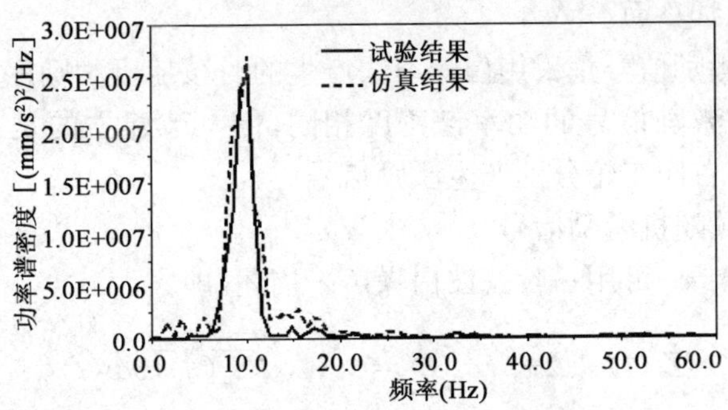

图 2-50 前悬架功率谱密度对比

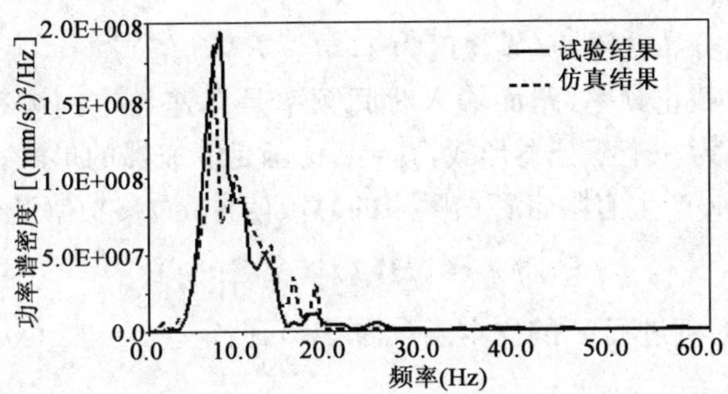

图 2-51 后悬架功率谱密度对比

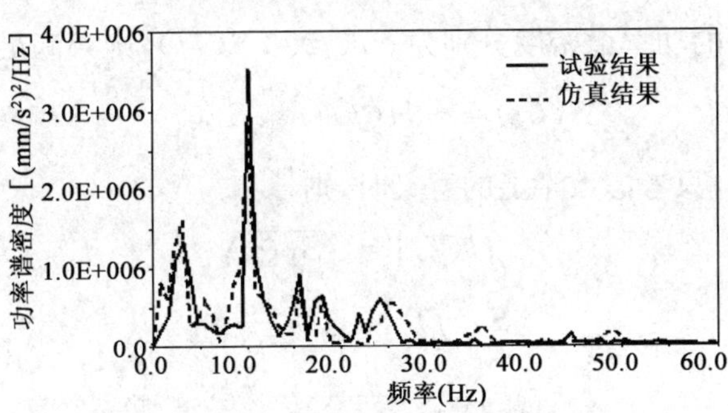

图 2-52 驾驶室底板功率谱密度对比

将加速信号的试验结果与仿真结果进行对比，从以上图中可以看出基本一致，相符性较好。存在的高频小峰值是由于仿真时忽略了发动机激励而引起的，忽略其的原因是发动机激励远远小于凸块的脉冲激励，因此在仿真时将其忽略不计。

2.5.2.2 随机路面

本节的路面激励信号是采用白噪声法产生的时域随机激励序。虽然路面激励相同,车轮的时域激励信号的功率谱密度相同,但本节建立的是三维系统仿真模型,需要对左侧与右侧车轮分别产生激励信号。

1.左前轮时域随机激励信号

随机路面输入 x_g 可用一阶滤波白噪声来描述,即

$$\dot{Z}_r(t)+2\pi f_0 Z_r(t)=2\pi n_0\sqrt{G_q(n_0)v}w(t) \tag{2-61}$$

式中:G_q——系数(路面不平度);

v——车速;

w——高斯分布白噪声(零强度为1,单位 *RMS* 值);

f_0——下限截止频率,路面输入时间频率是车速与空间频率的乘积:$f_0=0$ 传函为一个积分器形式,$f_0\neq0$ 传函是滤波器的形式。

利用 Simulink 产生有限带宽白噪声的时域信号 $x(t)$,功率谱密度为

$$Sy(f)=|H(f)|^2\times Sx(f) \tag{2-62}$$

设另有平稳随机过程 Y 的样本函数为 $y(t)$,假定 $y(t)$与 $x(t)$之间关系如下

$$y(t)=x(t)\cdot h(t)=\int_{-\infty}^{+\infty}x(\tau)h(t-\tau)\mathrm{d}\tau \tag{2-63}$$

如 $x(t)$、$y(t)$的功率谱密度分别为 $Sx(f)$和 $Sy(f)$,则必满足,则

$$Sy(f)=|H(f)|^2\times Sx(f) \tag{2-64}$$

由 $Sx(f)=1$,只考虑数学上的意义时,则

$$|H(f)|=\sqrt{Sy(f)}$$

$$Sy(f)=C_{sp}\times\frac{v}{f^2}$$

$$H(f)=\sqrt{C_{sp}\times v}\times\frac{1}{f}$$

由图 2-53 输入的时域随机激励信号,可以生成左侧时域随机激励信号,结果如图 2-54 所示。

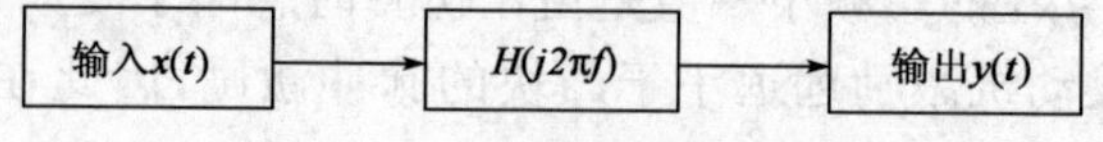

图 2-53 时域随机激励信号生成过程

图 2-55 中，虚线为计算曲线，实线为理论曲线，由图可知两者基本一致。

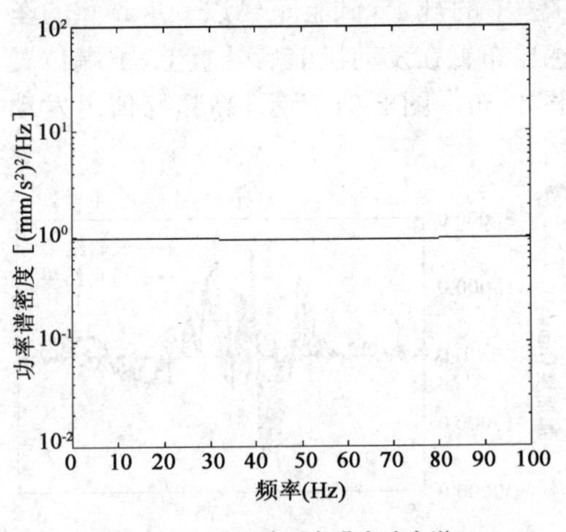

图 2-54 随机路面白噪声功率谱

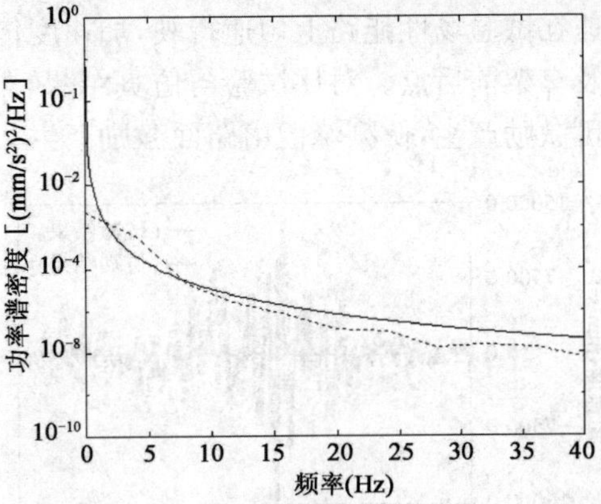

图 2-55 随机路面功率谱

2. 左后轮时域随机激励信号

针对车辆的前后轮激励信号，由于路面激励相同，即功率谱密度相同，相差的只有一个时间差。描述激励时需要考虑与时间差相关的问题，即车辆的轴距及车速。在 ADAMS 中激励信号可采用以下函数表示：

前轮激励信号函数：

$$F_L = CUBSPL(Time......) \tag{2-65}$$

后轮激励信号函数：

$$F_R = CUBSPL(Time - L/v......) \tag{2-66}$$

式中：$CUBSPL$——激励数据样条曲线；

L——轴距；

v——车速；

$Time$——仿真时间。

3. 右侧时域随机激励信号

已生成的左侧时域随机激励信号通过传递函数方法，可以生成右侧时域随机激励信号。令 $y_1(t)$、$y_2(t)$、$S_{y_1y_2}(f)$分别为左、右侧车轮的随机序列和左右车轮的互谱函数，$S_{y_1}(f)$、$S_{y_2}(f)$为左、右激励的自谱。设左右激励之间存在一个传递函数 $G(f)$，则有

$$S_{y_1y_2}(f) = G(f) \times S_{y1}(f) \Rightarrow G(f) = S_{y_1y_2}(f)/S_{y_1}(f) \tag{2-67}$$

考虑 $G(f)$的幅频特性及相频特性。$y_1(t)$与 $y_2(t)$之间存在如下的关系

$$S_{y_2}(f)=G^{*}s(f)\times S_{y_1}(f)\times G^{T}(f) \tag{2-68}$$

依照汽车平顺性随机输入行驶试验方法中的规定，试验车辆以 60km/h 的车速在试验场性能路上匀速行驶，加速度传感器布置在发动机前后悬置上、下端位置及车架前后点。对比试验与仿真结果，如图 2-56～图 2-61 所示，高频峰值由发动机激励产生，低频峰值由路面激励产生。

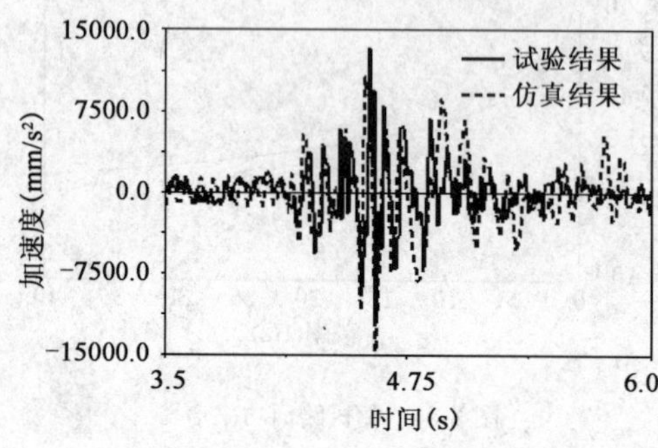

图 2-56　车架纵梁加速度对比

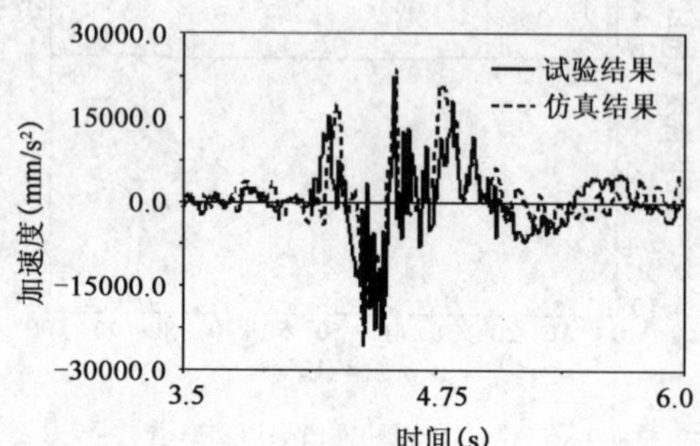

图 2-57　车架横梁加速度对比

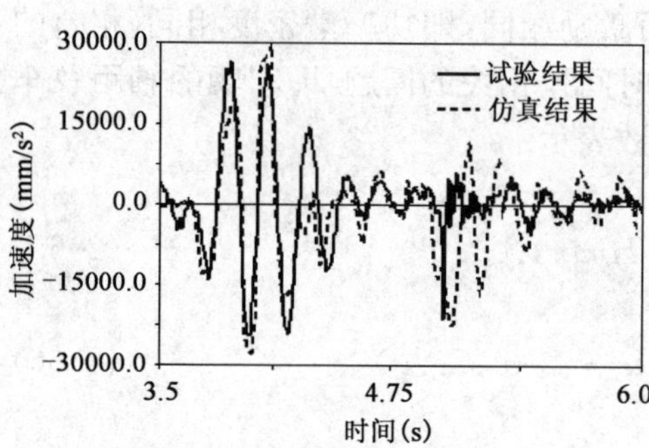

图 2-58　发动机悬置加速度对比

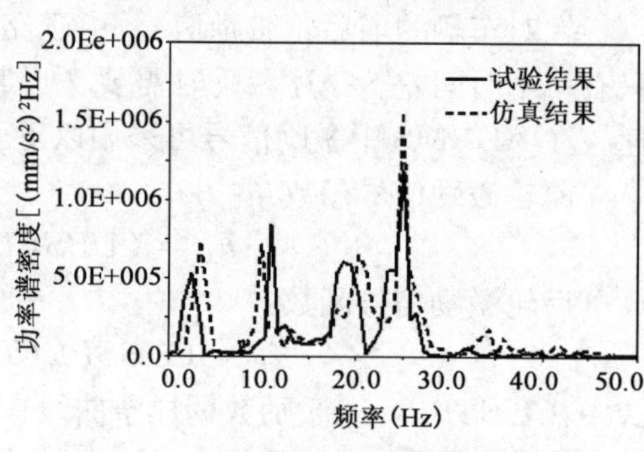

图 2-59　车架纵梁加速度功率谱密度对比

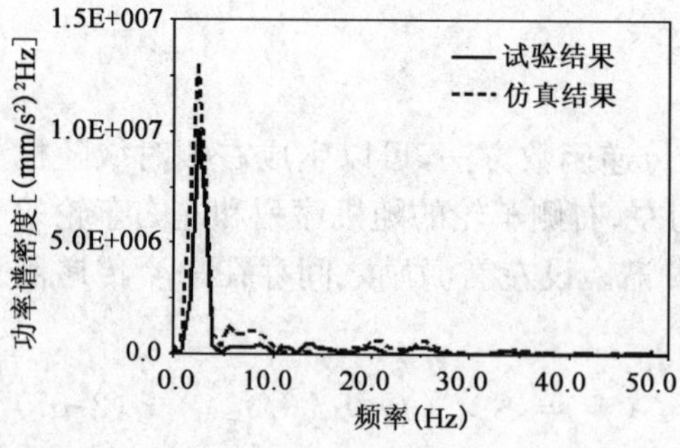

图 2-60　车架横梁加速度功率谱密度对比

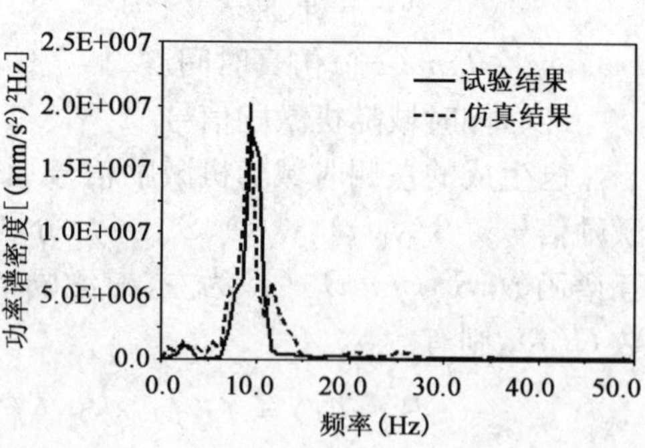

图 2-61　发动机悬置加速度功率谱密度对比

由图 2-56～图 2-61 可以看出，试验结果与仿真结果变化趋势一致，可见实际车辆的试验结果与其仿真结果基本一致，表明本节建立的仿真模型是正确的，可以用于汽车的性能评价与可靠性试验方法优化研究。

第 3 章　后轴振动疲劳特性及模态响应识别

根据有限元分析及可靠性试验结果，对试验车辆后轴疲劳寿命的薄弱位置进行应变载荷谱测量，重点对比分析试验场强化路、搓板路、综合性能路、沙土路、高速公路、城市路面以及一般公路试验车辆和对标车辆后轴的疲劳损伤。利用 MTS 六通道耦合系统对试验车辆和对标车辆进行振动扫频，通过振动扫频进一步分析试验车辆和对标车辆后轴振动频率的差异原因，以及和车身振动频率的关系，为试验车辆后轴质量改进提供可靠数据。

3.1　结构的疲劳损伤

3.1.1　结构疲劳特性

汽车在不平路面行驶过程中，由于其零部件及其总成受到随时间变化的随机动态载荷作用，因而会产生循环动态应力，在高应力区域会发生一定的疲劳损伤，疲劳是由于应变或应力随时间的波动载荷而所引起的，这些波动被称之为循环。分析车辆构件的疲劳特性都应从零部件或结构的时域响应开始，在时域范围中这个响应通常表现为应变或应力随时间的变化关系。结构的疲劳损伤是由于应变或应力的波动循环而引起的，循环中的应力幅值和均值是两个非常重要的参数，它们一般应用雨流循环计数方法从时间关系曲线中来获取。雨流计数法中的每个计数循环都可能在零部件或构件中引发一定量的疲劳累积损伤，而整个时域载荷信号引起的总损伤可通过累加雨流矩阵直方图中所显示的每个循环引起的损伤值得到。

Palmgren 和 Miner 独立提出的累加损伤方法是目前世界最为常用的线性累积损伤规则，它应用雨流循环计数法从时间关系曲线中获取循环中的应力幅值与均值，累积损伤理论是经过疲劳寿命试验对疲劳破坏过程的研究和分析而提出的累积损伤规律，它揭示每一次载荷循环造成损伤之间的相互关系和按照什么样的规律进行累积的。如图 3-1 所示，雨流循环计数的输出结果通常表示为应力幅值均值载荷循环统计结果。图 3-1 中应力均值-变动范围统计结果，直方图中 x 轴为每个循环周的应力范围，y 轴为应力均值，z 轴为对应于每个特定应力范围和均值的循环次数。

每个雨流计数循环在零部件或构件中都会引发一定量的疲劳损伤，累加矩阵

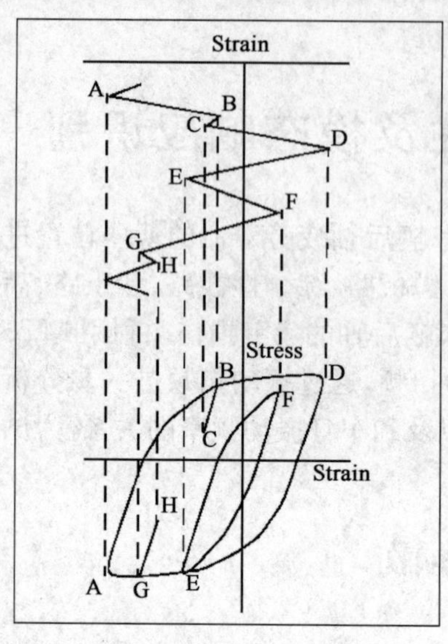

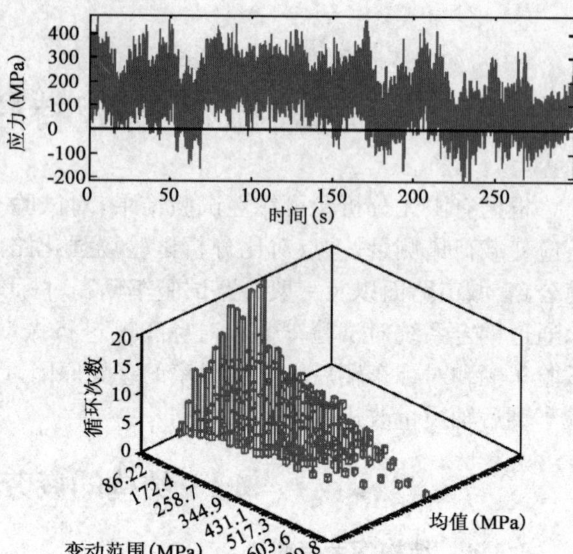

图 3-1　应变载荷时间历程数据的雨流循环计数

直方图中每个雨流循环引发的损伤值，可以获得整个时域载荷信号引起总损伤。动载荷历程作用下的后轴，由零件局部应力（应变响应中的每一滞回环）代表一疲劳损伤单元。由已知的结构应变-寿命（$\varepsilon - N_f$）曲线，并确定各个滞回环的条件，可以计算出各滞回环引发的疲劳损伤。若一载荷历程形成了 M 个滞回环，令每个滞回环的两个顶点坐标分别为（$\varepsilon_{1i},\sigma_{1i}$）与（$\varepsilon_{2i},\sigma_{2i}$），($i=1,2,\cdots,M$)。每个滞回环的应变变程 $\Delta\varepsilon_i$ 和平均应力 σ_{0i} 分别为

$$\Delta\varepsilon_i = |\varepsilon_{1i} - \varepsilon_{2i}| \tag{3-1}$$

$$\sigma_{0i} = (\sigma_{1i} + \sigma_{2i})/2 \tag{3-2}$$

应用 Miner 疲劳线性损伤累积理论，是基于零均值应力计算承载构件的疲劳寿命，然而往往每一组应力幅值和应力均值循环特性是变化的，实际应力循环中平均应力并不为零。因此，需要应用应力循环等效转换法，将非零平均应力循环转换为零平均应力循环，本章利用 Manson-Coffin 式(3-3)对平均应力进行修正，即

$$\Delta\varepsilon/2 = \frac{(\sigma'_f - \sigma_0)}{E}(2N_f)^b + \varepsilon'_f(2N_f)^c \tag{3-3}$$

式中：$\Delta\varepsilon$——应变幅值；

σ'_f——疲劳强度系数；

σ_0——滞回环的平均应力；

E——弹性模量；

ε'_f——疲劳塑性系数；

b——疲劳强度指数；

c——疲劳塑性指数；

N_f——疲劳寿命。

将应变变程 $\Delta\varepsilon_i$ 和平均应力 σ_{0i} 带入式(3-3)，得

$$\Delta\varepsilon_i/2=\frac{(\sigma'_f-\sigma_{0i})}{E}(2N_{fi})^b+\varepsilon'_f(2N_{fi})^c \tag{3-4}$$

解式(3-4)得每个滞回环对应裂纹形成的寿命 N_{fi}，令各滞回环所造成的疲劳损伤为 D_i，则

$$D_i=1/N_{fi} \tag{3-5}$$

依据 Miner 线性损伤累积法则，整个载荷历程所造成的疲劳损伤 D 为各滞回环所造成的疲劳损伤累加，即

$$D=\sum_{i=1}^{M}D_i=\sum_{i=1}^{M}\frac{1}{N_{fi}} \tag{3-6}$$

若载荷历程对平衡梁造成的总损伤为 D_{L_f}，则 D_{L_f} 为经受 L_f 个历程作用受到的损伤，即

$$D_{L_f}=D\cdot L_f \tag{3-7}$$

式中：L_f——疲劳寿命历程数目，即材料经受 L_f 个相同的载荷历程的重复作用后发生疲劳损坏。

当 $D_{L_f}=1$ 时，认为结构发生疲劳损坏，即

$$L_f=\frac{1}{D} \tag{3-8}$$

3.1.2 应变载荷采集

试验在汽车试验场及用户典型路面进行，用户试验路面包括国道、环城高速、城市路面及一般公路。试验分两个阶段进行：第一阶段是两车同时使用 I 号轮胎；第二阶段是两车同时使用 II 号轮胎。试验采集试验场耐久路大循环、搓板路、性能路、沙土路及用户典型路面几种工况下的后轴应变载荷谱。试验场试验方法如下：

(1)搓板路车速从 75～20km/h 每间隔 5km/h 同一车速采样 3 次。

(2)性能路进行紧急制动(车速为 100～0km/h)。

(3)急加速(车速为 0～100km/h)两种工况试验。

(4)沙土路进行匀速行驶(车速为 30km/h)试验。

(5)在环城高速、城市路面及一般公路模拟用户试验。

使用 SoMat TCEeDAQ 数据采集仪记录整个试验过程中后轴应变、车速等相关数据，用户路面数据采集时间不少于 30min/次，试验场与典型路面数据如图 3-2 和图 3-3 所示。

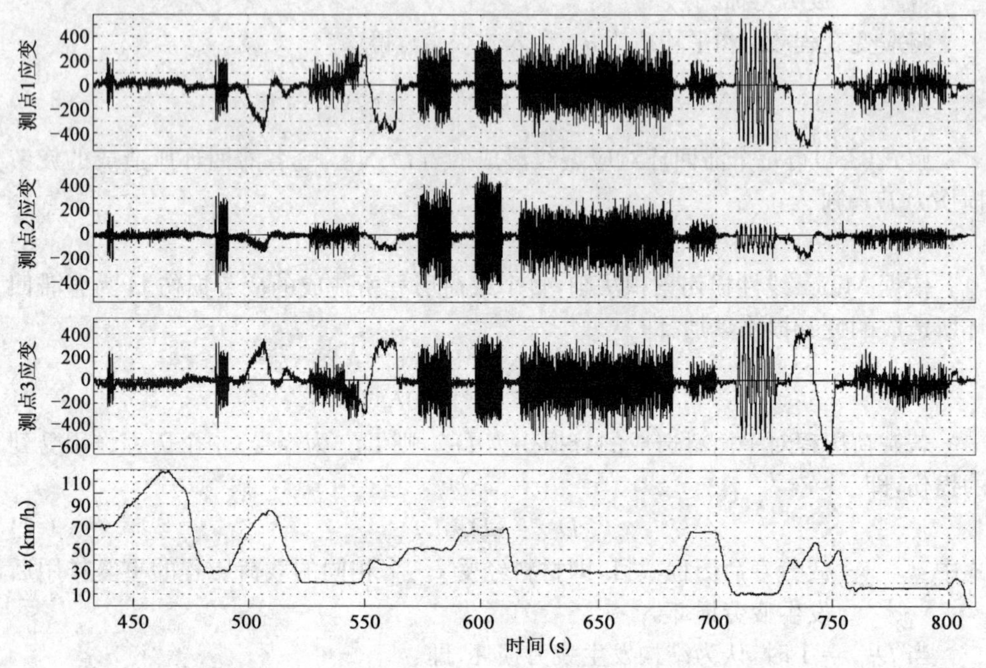

图 3-2　试验场强化路应变载荷数据

3.1.3　疲劳损伤计算

试验采集的数据由于环境温度和湿度的影响，部分数据存在零漂、野点等问题，需要对相应的数据进行预处理，数据预处理过程中，根据不同的数据偏差特点，通过变化均值、滤波、剔除等办法修正，才能得到正确的试验数据，然后利用 LMSTecWare 软件计算疲劳损伤，具体处理过程如图 3-4 所示。

根据有限元结果分析可知零部件寿命薄弱位置。完成物理样机后，在后轴上贴应变片来测量寿命薄弱点真实应变数据，能精确地得出疲劳寿命分析结果。LMSTecWare 为一模块化耐久性载荷分析和合成的工程软件，可输入、验证和分析多个试验数据源采集的巨量数据，确定运转过程中关键疲劳载荷情况，能在更短时间历程内获得同样的损伤预测。本章利用 LMSTecWare，计算后轴断裂位置应变载荷时间历程的疲劳损伤计算方法，如图 3-5 所示。

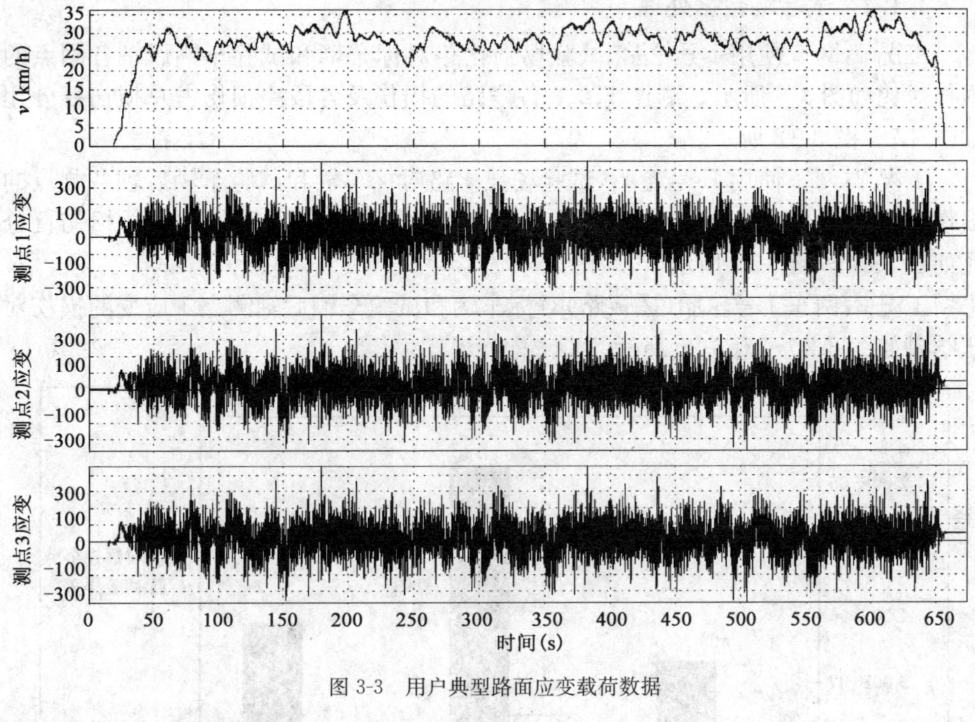

图 3-3 用户典型路面应变载荷数据

图 3-4 试验数据处理流程

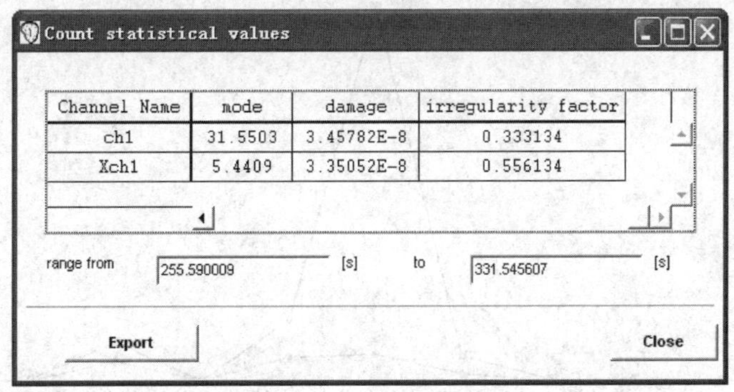

Channel Name	mode	damage	irregularity factor
ch1	31.5503	3.45782E-8	0.333134
Xch1	5.4409	3.35052E-8	0.556134

图 3-5 应变载荷-时间历程的疲劳损伤计算过程

3.1.4 试验场数据处理

工况 1:两车使用 I 号轮胎,试验场强化路对标车辆和试验车辆后轴各测点的损伤对比如图 3-6 所示。测点 1、2、3 各段路的损伤及各段路损伤占总损伤百分比如图 3-7~图 3-12 所示。

工况 2:两车使用 II 号轮胎,试验场强化路对标车辆和试验车辆后轴各测点的损伤对比如图 3-13 所示。测点 1、2、3 各段路的损伤及各段路损伤占总损伤百分比如图 3-14~图 3-19 所示。

工况 3:两车 I 号轮胎(搓板路)对标车辆和试验车辆后轴测点 1 应变的损伤对比结果如图 3-20~图 3-25 所示。

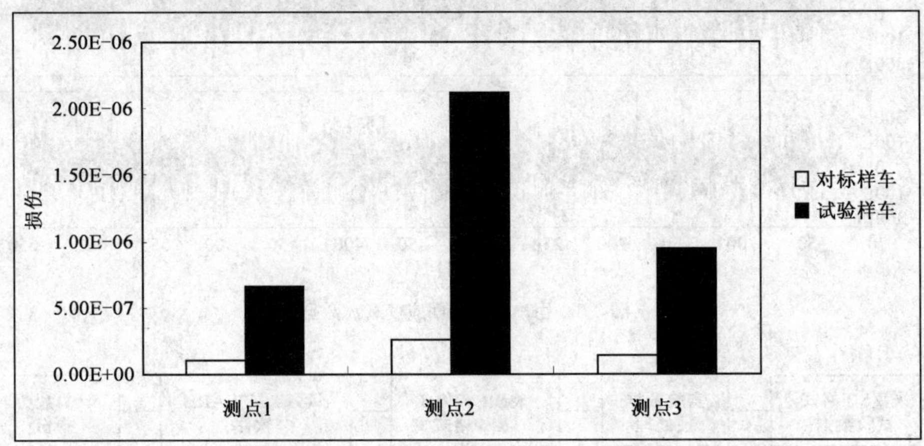

图 3-6 对标车辆和试验车辆大循环各测点的损伤对比(I 号轮胎)

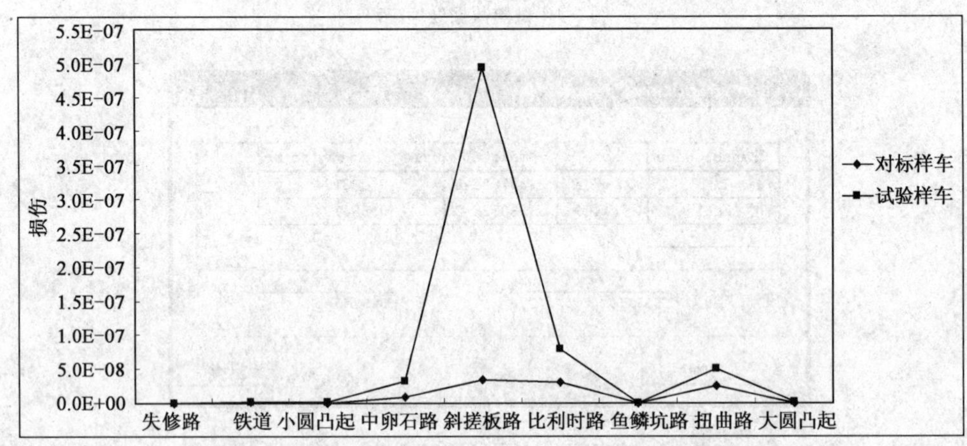

图 3-7 对标车辆和试验车辆测点 1 各路段的损伤(I 号轮胎)

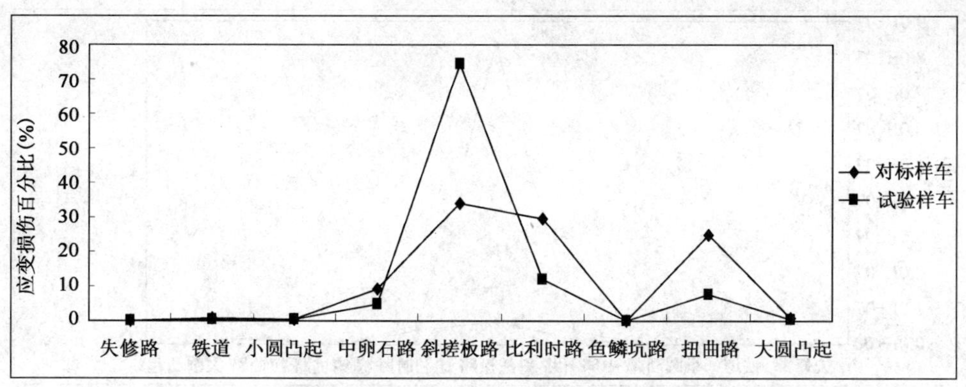

图 3-8 对标车辆和试验车辆测点 1 各路段损伤百分比(I 号轮胎)

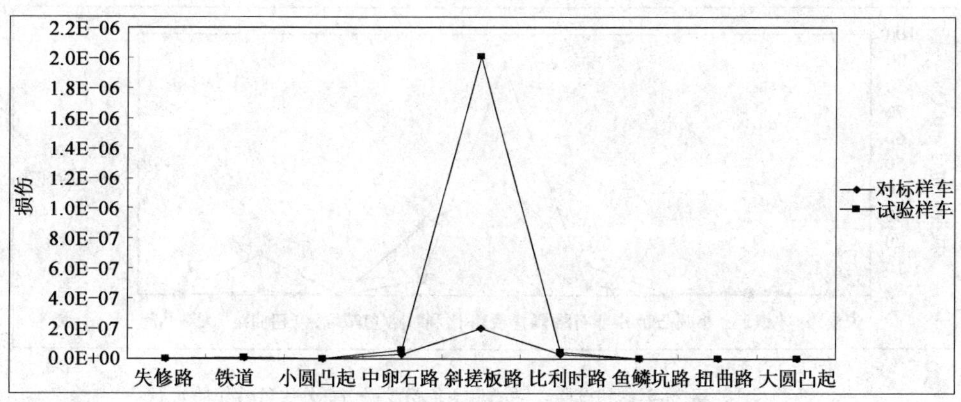

图 3-9 对标车辆和试验车辆测点 2 各路段的损伤(I 号轮胎)

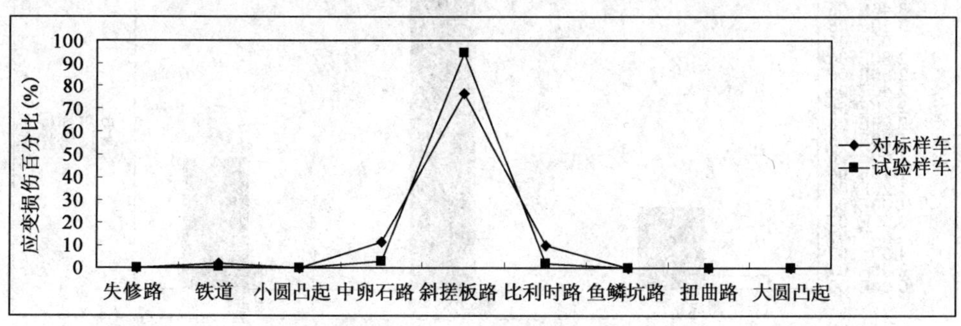

图 3-10 对标车辆和试验车辆测点 2 各路段损伤百分比(I 号轮胎)

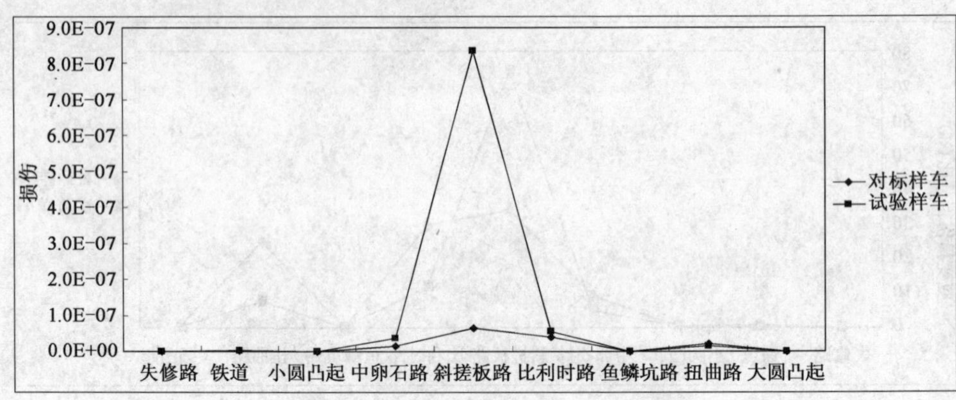

图 3-11　对标车辆和试验车辆测点 3 各路段的损伤(I 号轮胎)

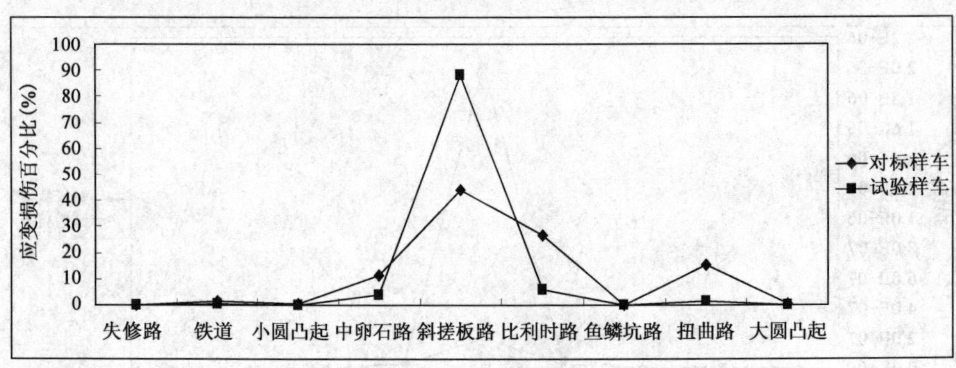

图 3-12　对标车辆和试验车辆测点 3 各路段损伤百分比(I 号轮胎)

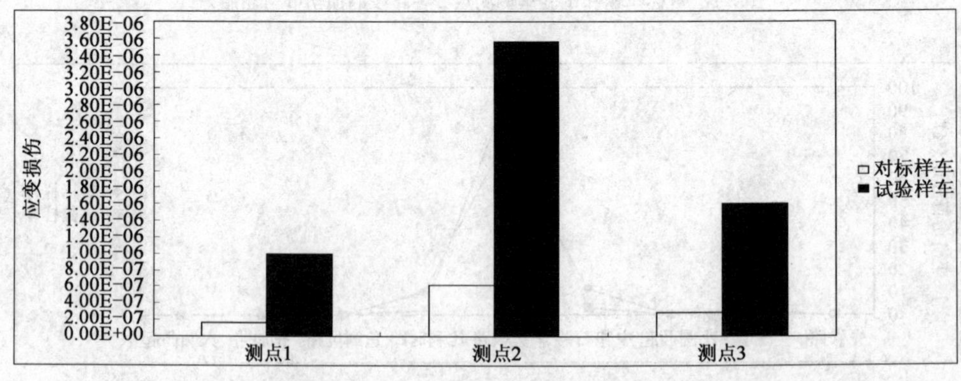

图 3-13　对标车辆和试验车辆大循环各测点的损伤对比(II 号轮胎)

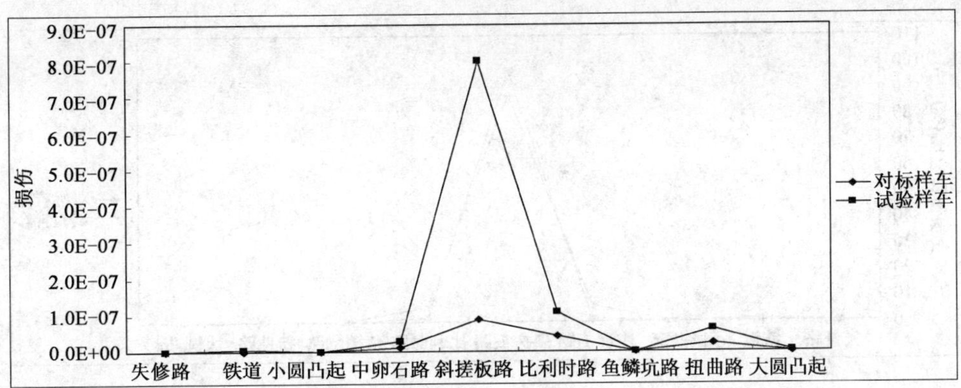

图 3-14 对标车辆和试验车辆测点 1 各路段的损伤(II 号轮胎)

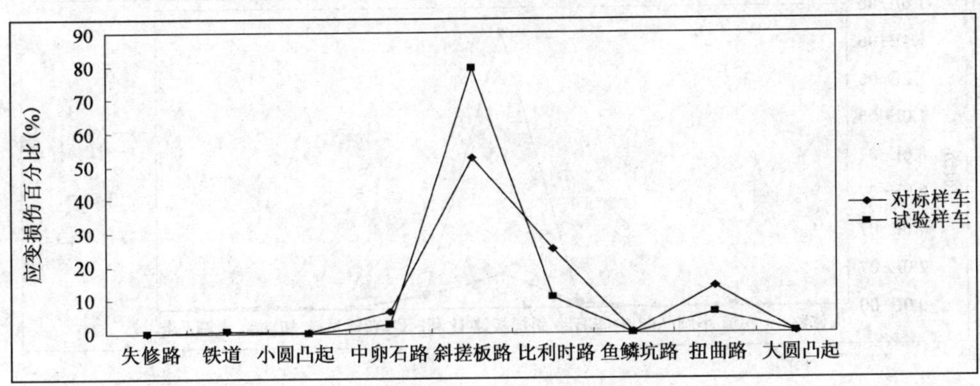

图 3-15 对标车辆和试验车辆测点 1 各路段损伤百分比(II 号轮胎)

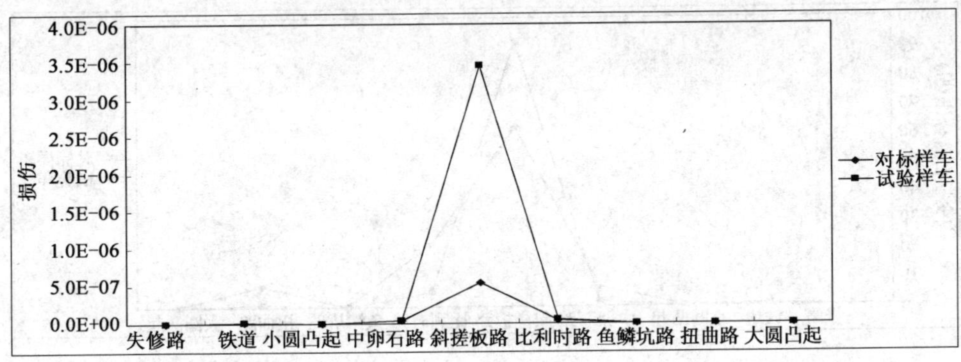

图 3-16 对标车辆和试验车辆测点 2 各路段的损伤(II 号轮胎)

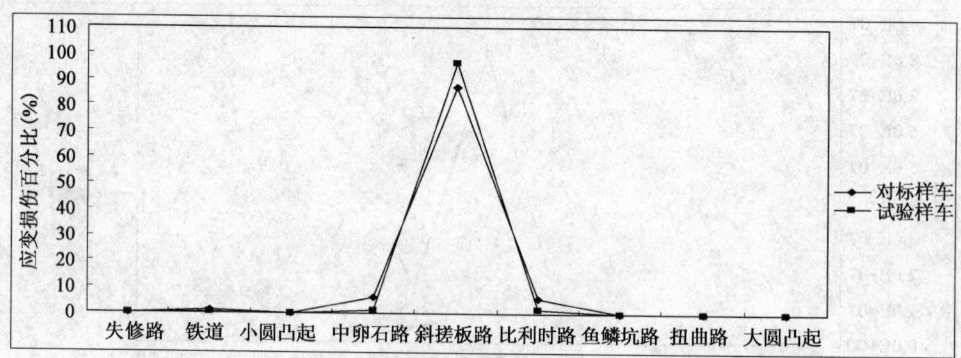

图 3-17 对标车辆和试验车辆测点 2 各路段损伤百分比(II 号轮胎)

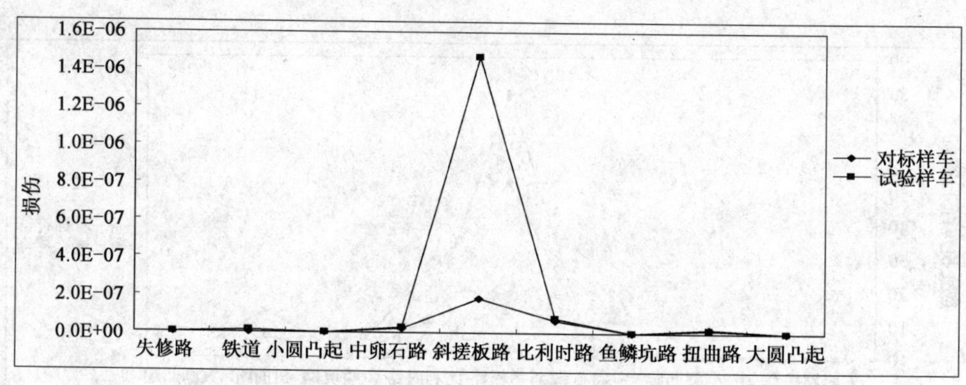

图 3-18 对标车辆和试验车辆测点 3 各路段的损伤(II 号轮胎)

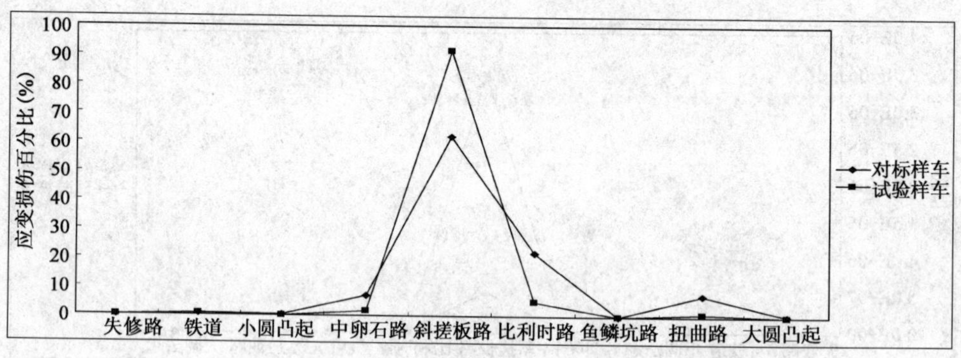

图 3-19 对标车辆和试验车辆测点 3 各路段损伤百分比(II 号轮胎)

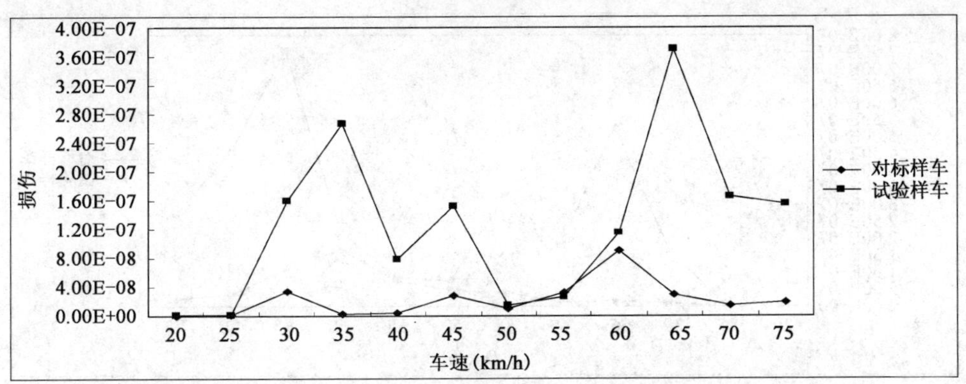

图 3-20　对标车辆和试验车辆测点 1 搓板路损伤对比

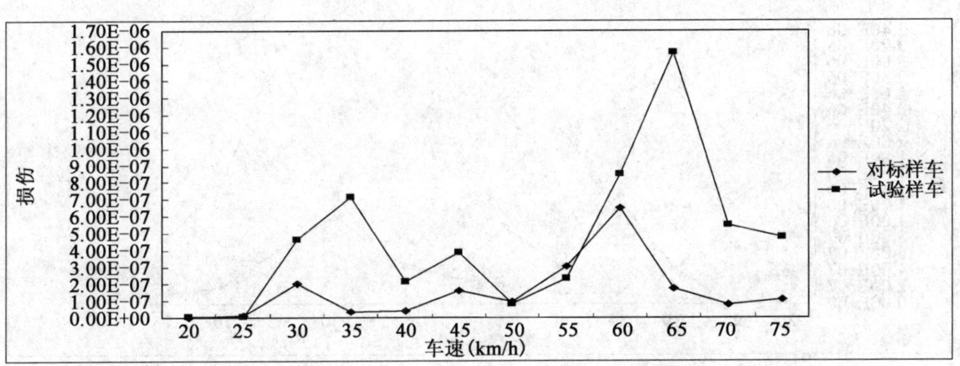

图 3-21　对标车辆和试验车辆测点 2 搓板路损伤对比

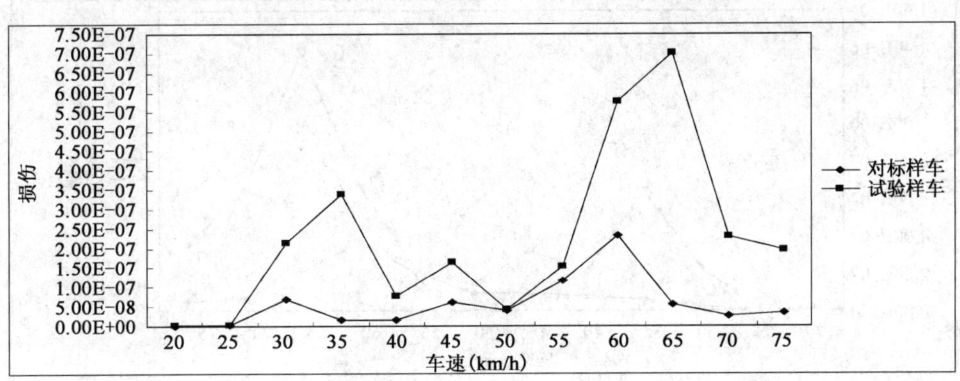

图 3-22　对标车辆和试验车辆测点 3 搓板路损伤对比

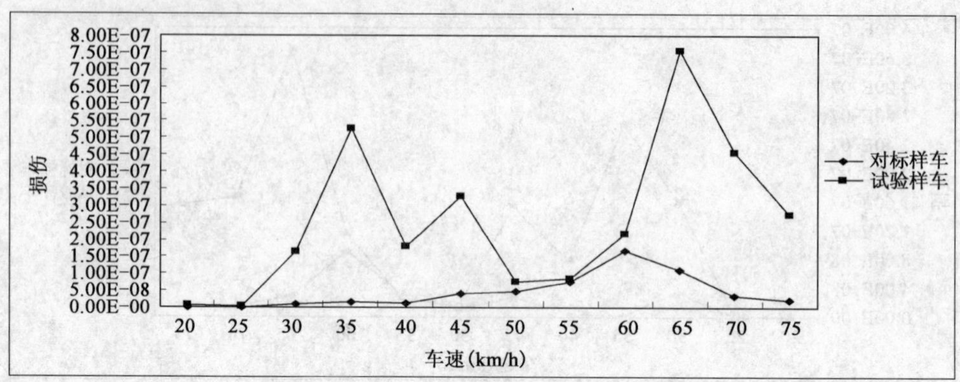

图 3-23　对标车辆和试验车辆测点 1 搓板路损伤对比

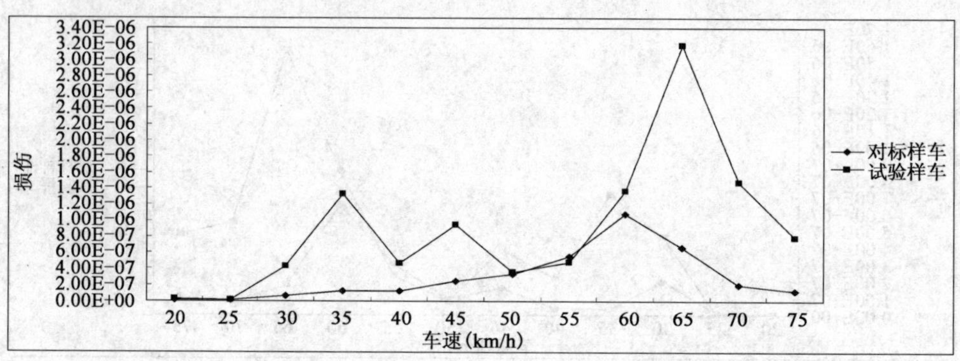

图 3-24　对标车辆和试验车辆测点 2 搓板路损伤对比

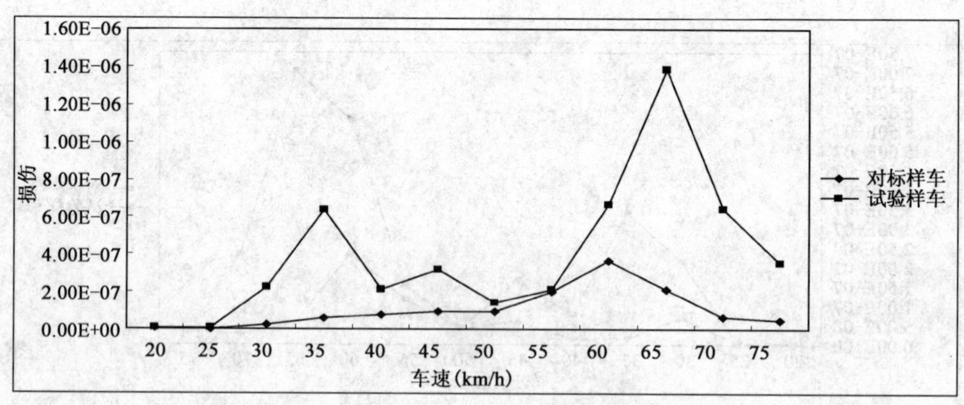

图 3-25　对标车辆和试验车辆测点 3 搓板路损伤对比

由图 3-7～图 3-25 可以看出，两车使用 I 号和 II 号轮胎试验场强化路循环试验，对比测点 1 和测点 3 处的疲劳总损伤，试验车辆是对标车辆的 6～7 倍，且车速对对标车辆损伤影响不明显，低频（小于 10Hz）试验车辆和对标车辆损伤差别不大，高频（大于 20Hz）两车损伤差别较大。试验车辆的损伤主要集中在强化路中的搓板路面（90％）；而对标车辆的损伤比例：卵石路 10％、搓板路 60％、比利时路 20％、其他路 10％。测点 2 的疲劳总损伤试验车辆是对标车辆的 8 倍；对标车辆和试验车辆的损伤主要集中在搓板路。在搓板路面，试验车辆后轴测点损伤的最大值发生在车速为 65km/h 时，而对标车辆后轴测点损伤的最大值发生在 60km/h。

3.1.5 用户典型路面数据处理

紧急制动、急加速工况、沙土路匀速行驶工况、高速公路匀速行驶、一般公路行驶工况以及国道和城市行驶行驶工况，计算结果如图 3-26～图 3-44 所示。

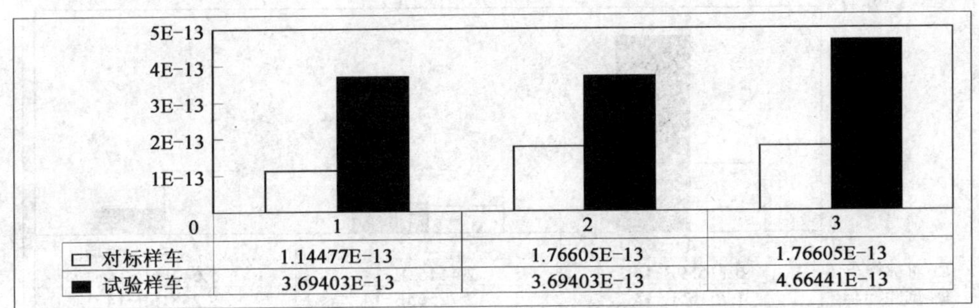

	1	2	3
□ 对标样车	1.14477E-13	1.76605E-13	1.76605E-13
■ 试验样车	3.69403E-13	3.69403E-13	4.66441E-13

图 3-26　紧急制动工况后轴各测点应变损伤对比

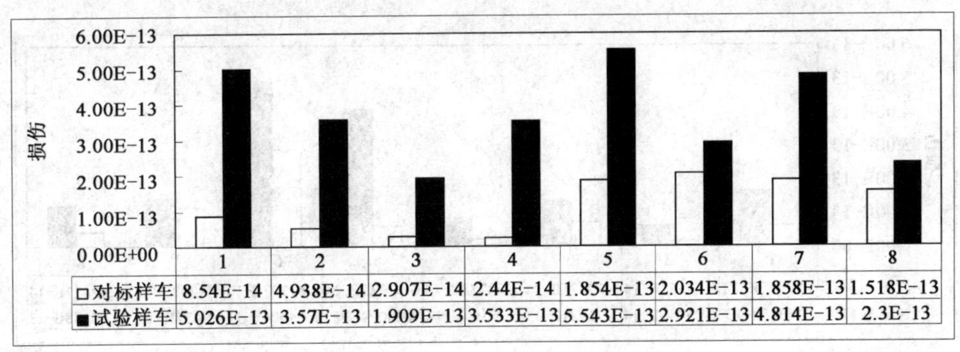

	1	2	3	4	5	6	7	8
□对标样车	8.54E-14	4.938E-14	2.907E-14	2.44E-14	1.854E-13	2.034E-13	1.858E-13	1.518E-13
■试验样车	5.026E-13	3.57E-13	1.909E-13	3.533E-13	5.543E-13	2.921E-13	4.814E-13	2.3E-13

图 3-27　紧急制动工况后轴左端应变损伤对比

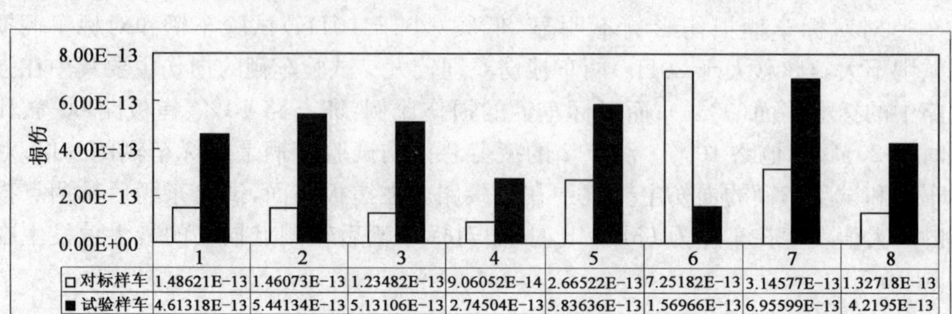

	1	2	3	4	5	6	7	8
□ 对标样车	1.48621E-13	1.46073E-13	1.23482E-13	9.06052E-14	2.66522E-13	7.25182E-13	3.14577E-13	1.32718E-13
■ 试验样车	4.61318E-13	5.44134E-13	5.13106E-13	2.74504E-13	5.83636E-13	1.56966E-13	6.95599E-13	4.2195E-13

图 3-28　紧急制动工况后轴右端应变损伤对比

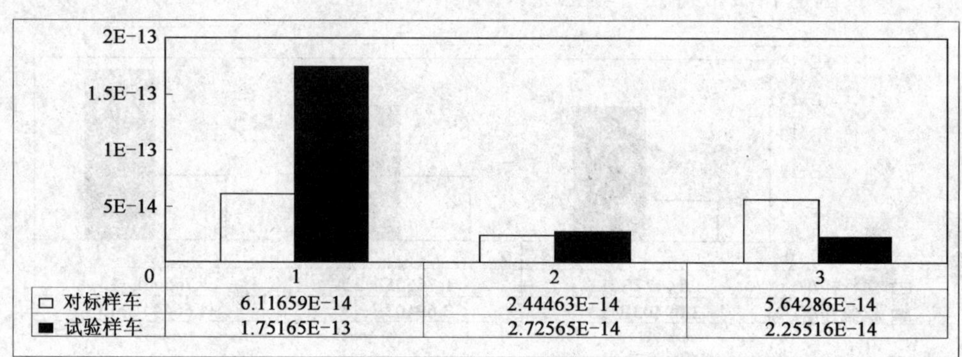

	1	2	3
□ 对标样车	6.11659E-14	2.44463E-14	5.64286E-14
■ 试验样车	1.75165E-13	2.72565E-14	2.25516E-14

图 3-29　急加速工况后轴各测点应变损伤对比

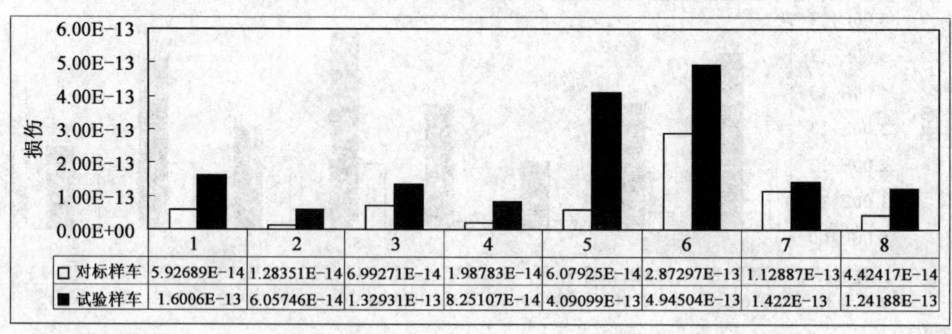

	1	2	3	4	5	6	7	8
□ 对标样车	5.92689E-14	1.28351E-14	6.99271E-14	1.98783E-14	6.07925E-14	2.87297E-13	1.12887E-13	4.42417E-14
■ 试验样车	1.6006E-13	6.05746E-14	1.32931E-13	8.25107E-14	4.09099E-13	4.94504E-13	1.422E-13	1.24188E-13

图 3-30　急加速工况后轴左端应变损伤对比

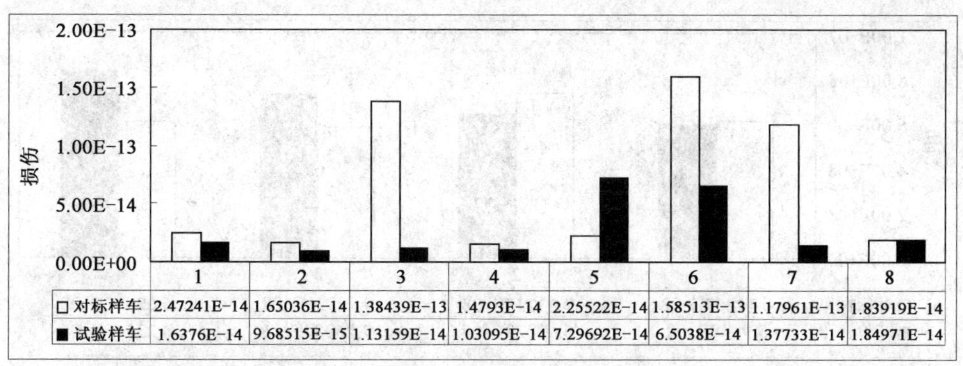

图 3-31　急加速工况后轴右端应变损伤对比

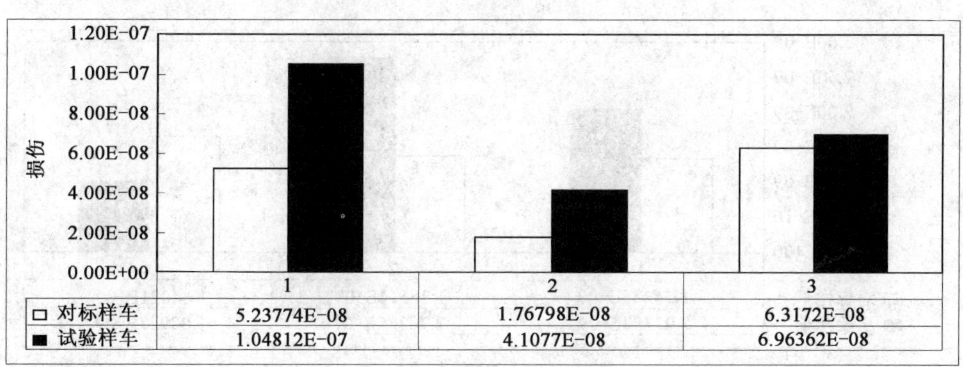

图 3-32　沙土路匀速行驶工况后轴各测点应变损伤对比

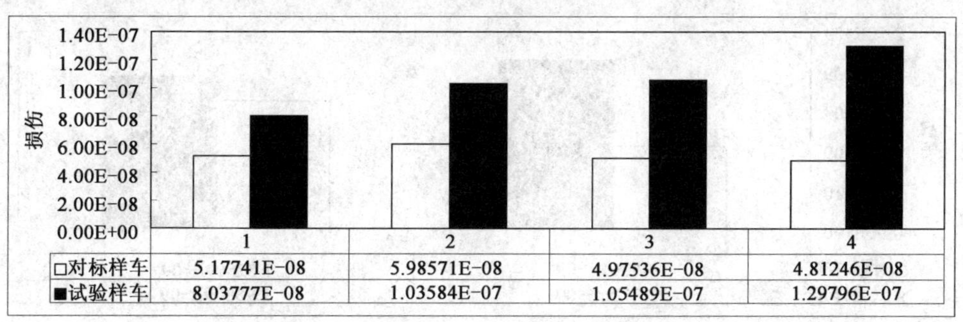

图 3-33　沙土路匀速行驶工况后轴左端应变损伤对比

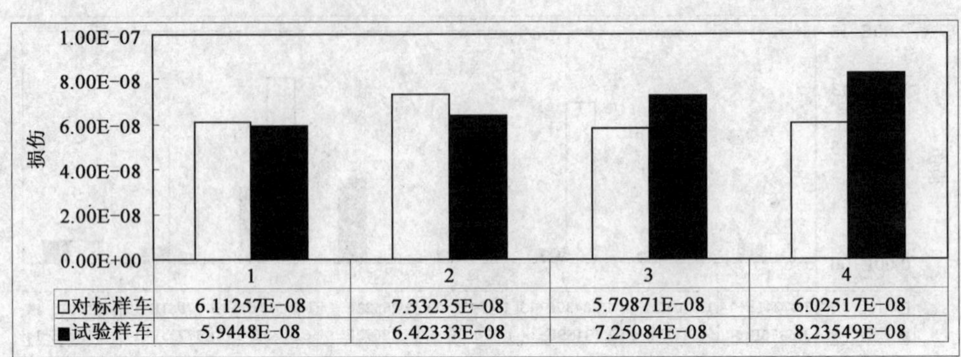

	1	2	3	4
□对标样车	6.11257E-08	7.33235E-08	5.79871E-08	6.02517E-08
■试验样车	5.9448E-08	6.42333E-08	7.25084E-08	8.23549E-08

图 3-34　沙土路匀速行驶工况后轴右端应变损伤对比

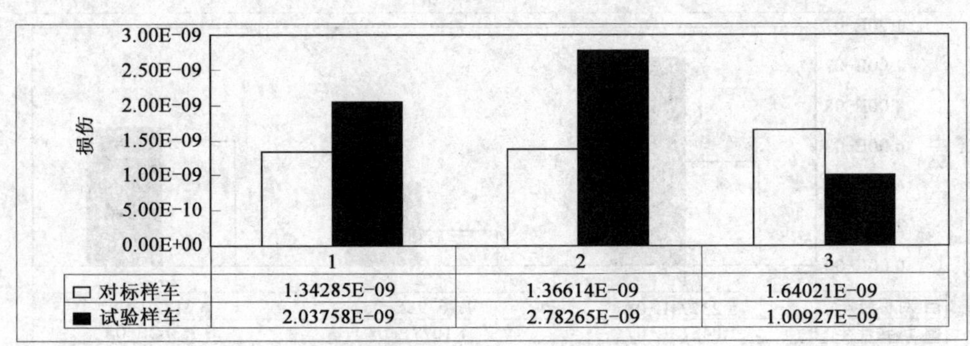

	1	2	3
□ 对标样车	1.34285E-09	1.36614E-09	1.64021E-09
■ 试验样车	2.03758E-09	2.78265E-09	1.00927E-09

图 3-35　环城高速匀速行驶工况后轴各测点应变损伤对比

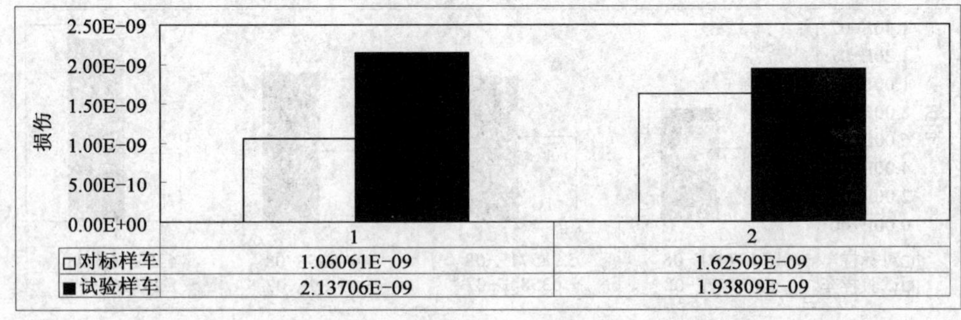

	1	2
□对标样车	1.06061E-09	1.62509E-09
■试验样车	2.13706E-09	1.93809E-09

图 3-36　环城高速匀速行驶工况后轴左端应变损伤对比

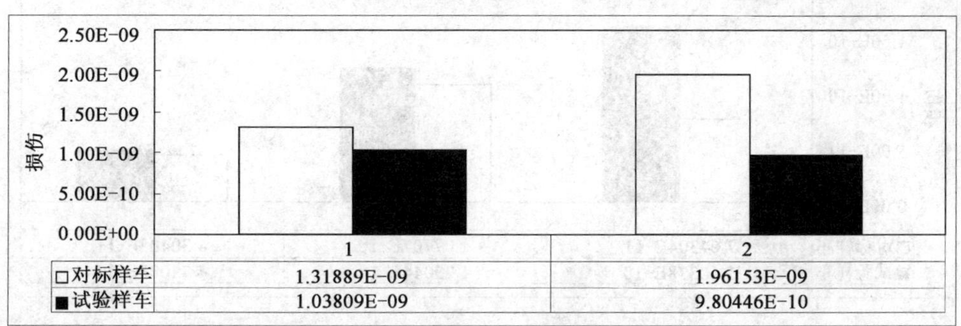

	1	2
□对标样车	1.31889E-09	1.96153E-09
■试验样车	1.03809E-09	9.80446E-10

图 3-37　环城高速匀速行驶工况后轴右端应变损伤对比

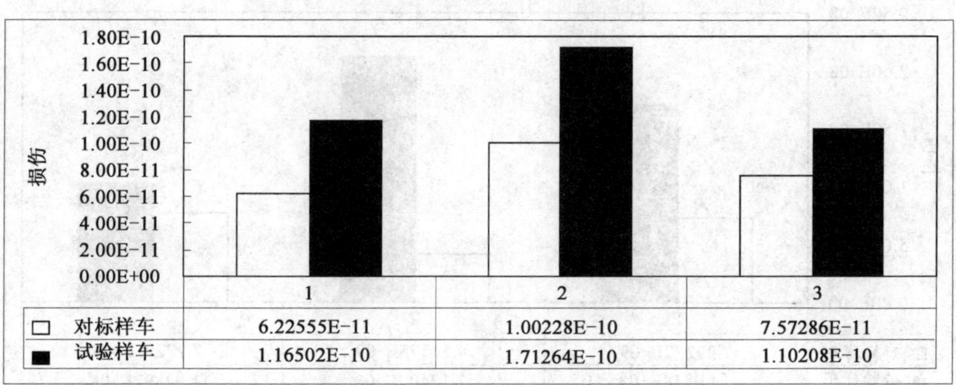

	1	2	3
□ 对标样车	6.22555E-11	1.00228E-10	7.57286E-11
■ 试验样车	1.16502E-10	1.71264E-10	1.10208E-10

图 3-38　中心至试验场后轴各测点应变损伤对比

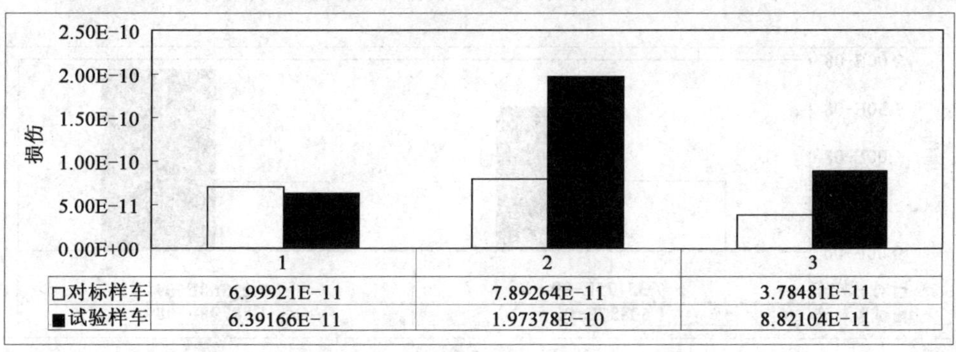

	1	2	3
□对标样车	6.99921E-11	7.89264E-11	3.78481E-11
■试验样车	6.39166E-11	1.97378E-10	8.82104E-11

图 3-39　中心至试验场后轴左端应变损伤对比

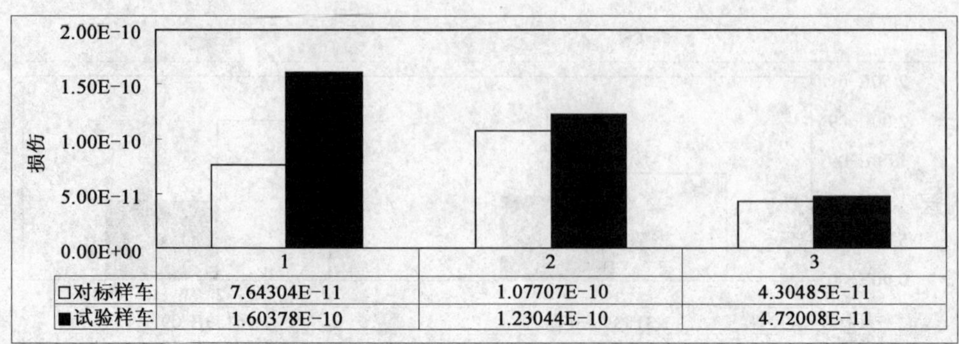

图 3-40 中心至试验场后轴右端应变损伤对比

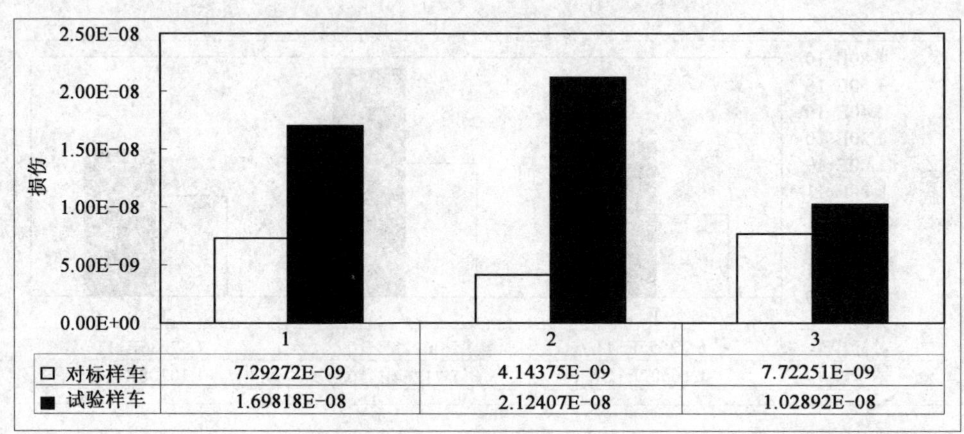

图 3-41 一般公路行驶工况后轴各测点应变损伤对比

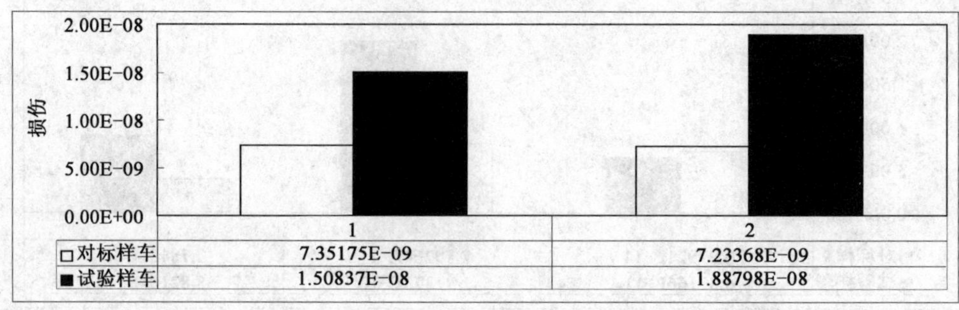

图 3-42 一般公路行驶工况后轴左端应变损伤对比

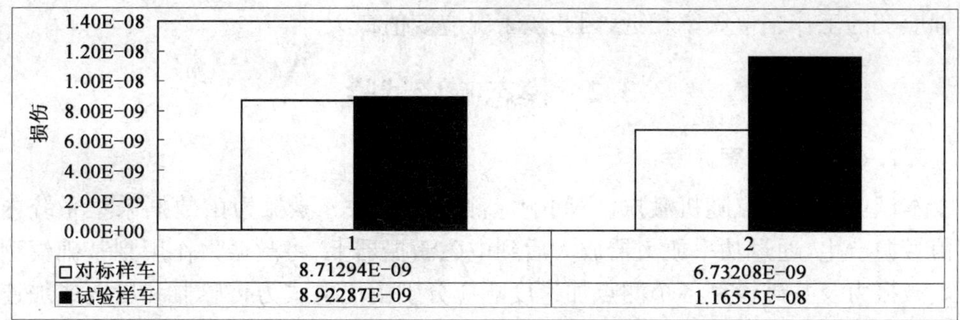

图 3-43 一般公路行驶工况后轴右端应变损伤对比

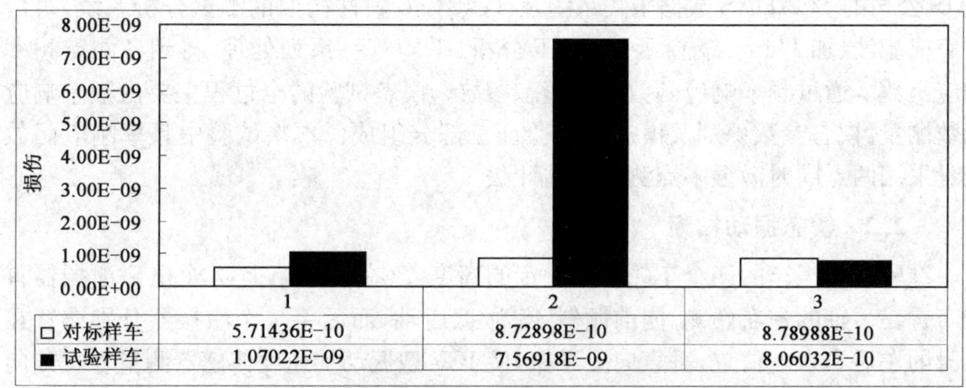

图 3-44 城市行驶工况后轴各测点应变损伤对比

由图 3-26～图 3-44 可以看出，试验车辆后轴损伤明显大于对标车辆 2 倍以上的工况有：紧急制动、急加速、沙土路匀速行驶和一般公路行驶工况。试验车辆后轴损伤明显大于对标车辆 1 倍以上的工况有：环城高速匀速行驶工况、中心至试验场一般行驶工况。用户使用工况两车应变值相近，相对损伤比值（除一般公路外）均在 2 倍以内，且一般公路的相对损伤值远小于坏路的相对损伤。

环城高速、中心至试验场、长吉北线及城市行驶工况各测点应变的损伤：试验车辆车测点 1 的损伤是对标车辆的 1.5～2.3 倍，测点 3 的损伤只有环城高速对标车辆大于试验车辆，其他工况试验车辆的损伤是对标车辆的 1.1～1.46 倍。

分析对标车辆在一般公路上的功率谱，发现后轴开裂部位的应变的工作幅值频率为 18Hz，后轴中间位置应变的工作幅值频率为 22.5Hz；而试验车辆后轴断裂部位应变的工作幅值频率为 24Hz。对标车辆以 60km/h 车速通过搓板路时，搓板路段的路面激励频率为 23Hz，此时路面激励频率与后轴中间位置应变的工作幅值频率相近，因此对标车辆以车速为 60km/h 通过搓板路时应变值最大。试验车辆以 65km/h 车速通过搓板路时，搓板路的路面激励频率为 24Hz，路面激励频率与后轴应变的工作幅值频率相近，因此该工况应变值最大。

3.2 模态响应试验

3.2.1 试验方案

本试验采用两点随机激振、空间响应测量的方法。激振力由数据采集系统内部信号源产生，通过功率放大器放大后到电磁激振器上，将激振力作用到基础模型上。激振力及基础模型各个测点加速度响应分别由压电式力传感器和压电式加速度传感器检测，通过电荷放大器放大后传到数据采集系统。模态试验选用比利时LMS公司的SCADAS数据采集系统及Test Lab软件构成的测试分析系统，对信号完成滤波、加Hanning窗函数、FFT分析、平均等一系列处理，得到各测点频率响应函数。通过频率响应函数识别模态参数。模态试验的全过程主要由频率响应函数测量、模态参数识别及模态参数验证三部分组成。本次试验中频率响应函数测量采用两点同时激振多点测量的估计法。

3.2.2 模态振动扫频

试验时将汽车的四个车轮抬起一定的高度，落在铁方箱上，2个电磁激振器首先布置在后轴的左右两侧，向前倾斜45°激振后轴，而后将2个激振器分别布置在车身的左后和右前位置，垂直向上激振，使ICP型振动加速度传感器测量垂直方向的振动。试验车辆车身模态传递函数曲线如图3-45所示。

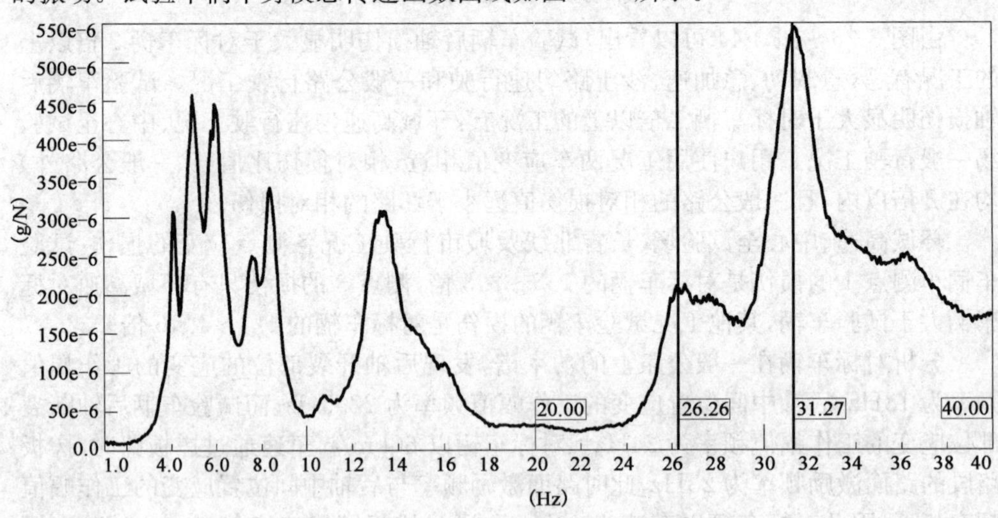

图3-45 试验车辆车身模态传递函数曲线

车身一阶扭转模态曲线如图 3-46 所示，频率为 25.25Hz，阻尼比为 3.76%。

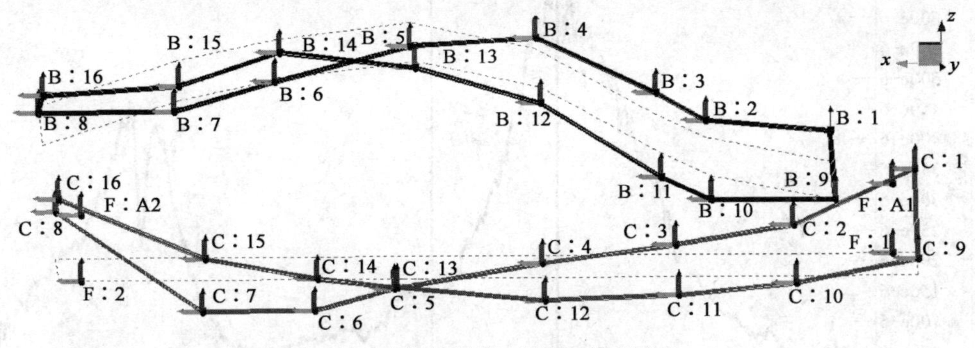

图 3-46 试验车辆车身一阶扭转模态振型

车身一阶弯曲模态曲线如图 3-47 所示，频率为 31.29Hz，阻尼比为 3.51%。

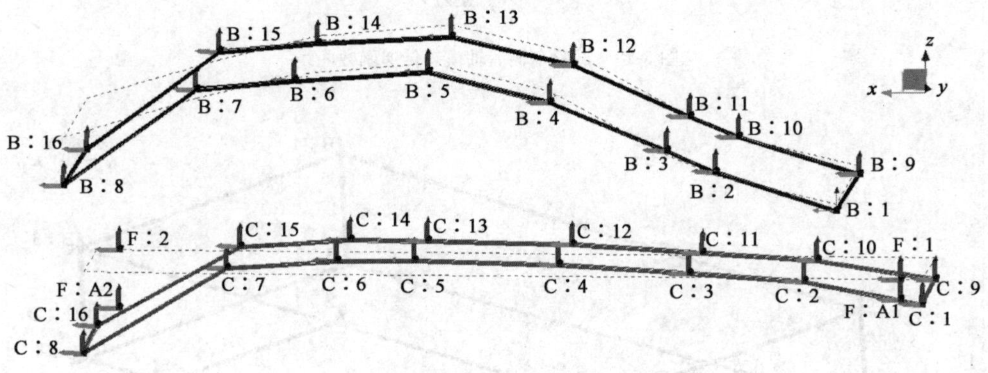

图 3-47 试验车辆整车车身一阶弯曲模态振型

试验车辆后轴模态传递函数曲线如图 3-48 所示。

后轴模态曲线如图 3-49 所示，频率为 23.53Hz，阻尼比为 18.51%，阻尼比过大。

对标车辆车身模态传递函数曲线如图 3-50 所示。

车身一阶扭转模态曲线如图 3-51 所示，频率为 22.16Hz，阻尼比为 3.45%。

对标车辆后轴模态传递函数曲线如图 3-52 所示。

后轴模态曲线如图 3-53 所示，频率为 20.53Hz，阻尼比为 5.46%。

模态参数的识别采用的是多参考点 MIMO 模态识别方法。该方法同时利用多个激励点激励所得的若干列频响函数来进行参数识别，可以有效地克服上述单点激励的有关问题，提高识别精度，保证识别参数的可靠性。在本次试验中，选用最小二乘复指数方法，依据稳态图进行模态频率和模态阻尼的识别。选用最小二

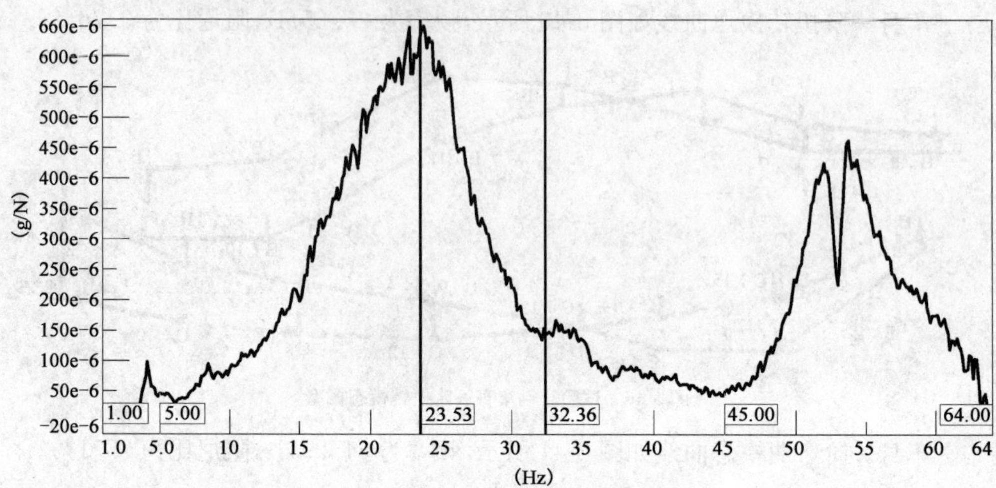

图 3-48　试验车辆后轴模态传递函数曲线

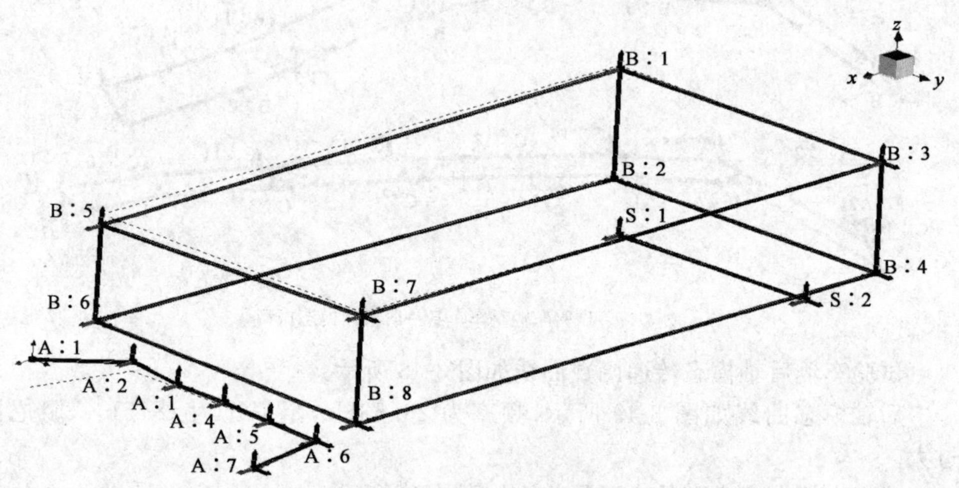

图 3-49　试验车辆后轴模态振型

乘复频域方法进行模态振型的计算。再利用模态置信因子(MAC)和模态参预因子对识别出的模态参数进行检验,模态试验扫频对比结果见表 3-1。

模态试验扫频对比结果　　表 3-1

试验车辆		对标车辆	
车身一阶扭转频率(Hz)	后轴振动频率(Hz)	车身一阶扭转频率(Hz)	后轴振动频率(Hz)
25.25	23.53	22.16	20.53

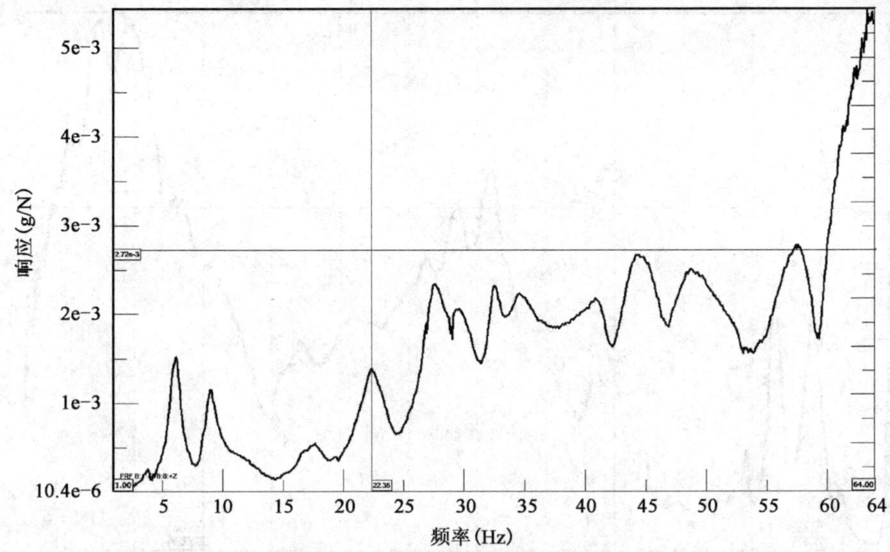

图 3-50　对标车辆车身模态传递函数曲线

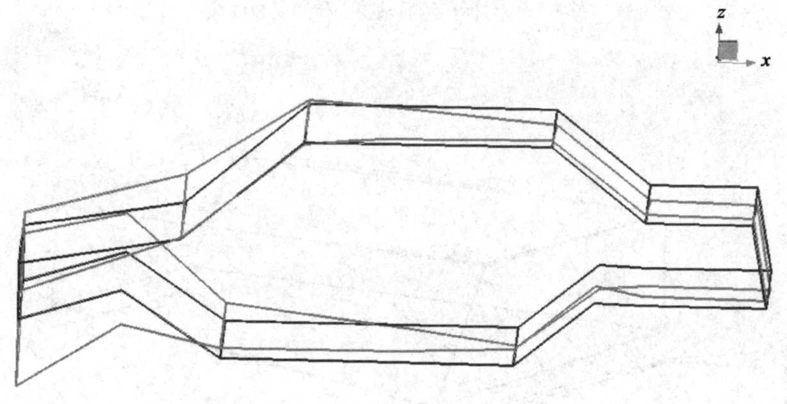

图 3-51　对标车辆车身一阶扭转模态振型

3.2.3　模态分析结果

由模态扫频试验结果可知，试验车辆的车身一阶固有频率高于对标车辆 3Hz。而后轴的振动频率也高于对标车辆 3Hz，将其结论推算到结构上，可知试验车辆的车身刚度大于对标车辆，后轴的悬架刚度也高对标车辆。本次模态试验，样车为空车，所以落实到车辆满载状态时，两车的扭转固有频率都会有所降低。由于在后轴

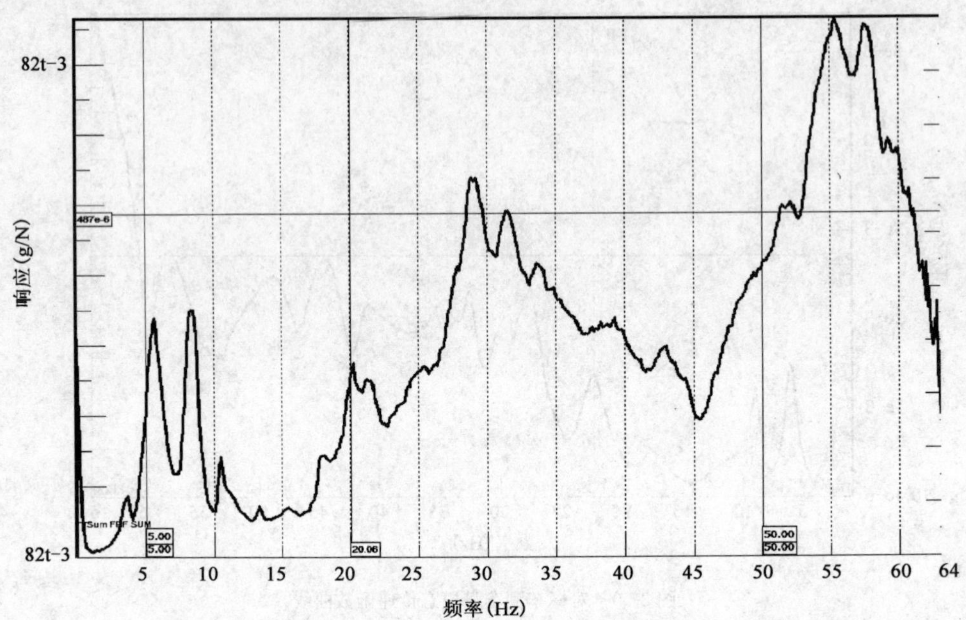

图 3-52　对标车辆后轴模态传递函数曲线

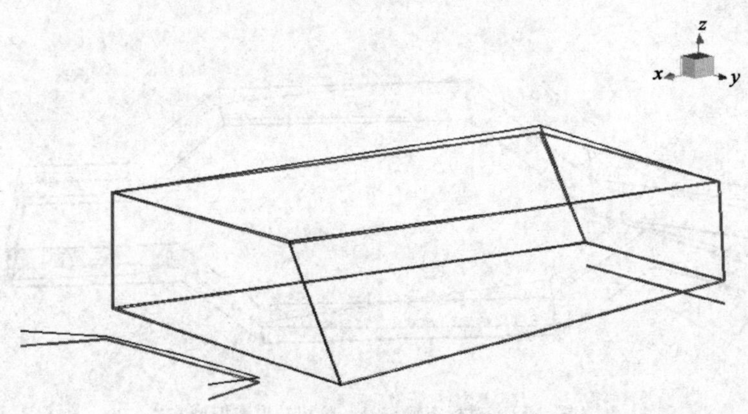

图 3-53　对标车辆后轴模态振型

应力测试时,试验车辆后轴高应力频率为 24Hz,距离试验车辆车身扭转频率很接近,而对标车辆后轴高应力频率为 18Hz,距离车身扭转频率较远。从试验车辆车身和后轴的模态传递函数曲线可以看出,由于阻尼的原因,两者的固有频率范围有重合区域。由此可见,试验车辆以 65km/h 车速通过搓板路时,该车后轴 24Hz 的高应力频率与车身扭转变形有一定关系。

3.3 结构改进

针对上述分析结果,对试验车辆后轴的结构特点和断裂裂纹形状进行分析,发现断裂裂纹位置与焊缝非常接近,因此后轴断裂与焊接质量密切相关,可以从提高焊接质量的角度来解决试验车辆后轴断裂问题,对后轴焊接后进行喷丸处理,降低应力集中并提高其平面弯曲强度。减小后轴与车身的连接刚度,以缓冲搓板路面对后轴的激励力;改变后轴螺旋弹簧刚度、减振器阻尼、悬架动挠度以及车轮动载荷,以提高后轴与车身的匹配性能;后轴断裂裂纹处与焊缝位置非常接近,因此应提高焊接质量,同时焊接后对后轴进行喷丸处理,可降低应力集中并提高其平面弯曲强度。

第 4 章　关键承载构件动载荷仿真及疲劳寿命

随着仿真技术的不断深入发展，数字化试验场(Virtual Proving Ground，VPG)的概念也应运而生。目前国际上有关数字化试验场的技术正在发展中，如ETA公司推出的商业软件VPG，提供了标准典型的路面模型，如交替摆动路面、槽形路、鹅卵石路、波纹路、搓板路等。但这些研究内容都是在国外试车场的基础上得到的，不可能在国内找到相对应的试验路面。由于不同国家的路面条件和汽车的使用条件各不相同，所以研究建立适合我国试车场的数字化试验路面非常有实际意义。

本章提出了用三维空间散点的分层处理技术来构建数字化耐久性试验路面的方法，解决构建三维复杂试验路面的难题，在ADAMS软件环境下建立构成数字化试验场的路面库。由于零部件疲劳寿命仿真分析的结果与计算时使用的路面有直接关系，可通过计算整车行驶状态下关键零部件的应力和应变数据，进行疲劳寿命分析。针对关键承载零件——平衡梁，通过整车模型在搓板路面上进行耐久性仿真分析时获取受力和应力数据，对其进行疲劳可靠性分析。

4.1　数字化试验场

建立数字化试验场就是将实际的汽车试验场的试验路面数字化，数字化试验场的路面库包括用于汽车疲劳可靠性试验所使用的各种耐久性路面，从而将整车仿真计算内容进一步拓展到疲劳可靠性领域。由于ADAMS软件中包含的路面种类很少，没有数字化试验场路面模块。用户在使用ADAMS软件进行非平直路面车辆仿真时，都需要根据帮助文件中所说明的路面文件格式，建立相应的数字路面。目前ADAMS软件在多刚体与多柔体计算方面已非常成熟，然而由于路面种类的缺乏，限制了使用该软件进行更为深入的计算分析。构建形状复杂的耐久性试验路面，需要大量的路面数据点信息，数据点之间空间关系复杂，必须研究相应的算法，编写程序计算才能完成。

4.1.1　试验场路面

汽车试验场，又称试车场，是为汽车新产品开发、汽车产品的质量鉴定试验等进行汽车整车道路试验的场所。按照用途大致分为综合试验场、专用试验场和军用汽车试验场三类。汽车试验场的主要功用是：

(1)汽车产品的质量评价试验。

(2)汽车新产品的开发鉴定和认证试验。

(3)为在试验室中进行零部件试验和整车模拟试验等所需的载荷与工况采集提供稳定的试验条件。

(4)汽车标准及法规的研究和验证试验。

汽车试验场一般占地面积大、造价高,其中修筑了各种各样的试验道路,包括汽车能高速行驶的高速环形道路,可造成汽车强烈颠簸的凹凸不平路、易滑路、陡坡以及转向广场等。汽车试验场的规模有大有小,试验道路的品种和长短也不尽相同。目前,在汽车试验场中有以下典型试验路面:

(1)高速环路:是试验场的主体工程,用于汽车长时间连续高速行驶试验,常用于汽车的高速性能试验和变速性能试验。

(2)综合性能路:又称水平直线性能路,一般为电话听筒形,直线部分为试验段,用于动力性、经济性、制动性试验。

(3)回转特性试验广场:是直径为 100m 左右的圆形广场,用于测量评价汽车的转向特性,高速时需要的面积更大。

(4)多附着系数制动试验路面:由不同附着系数的试验路面组成,用于汽车制动性能的试验。

(5)石块路:又称比利时路面,主要用于进行汽车的耐久性试验,是汽车行业一直认同的汽车可靠性行驶试验路面。

(6)大卵石路将直径为 310～180mm 的卵石稀疏、不规则地埋入水泥混凝土中,高出地表 40～120mm,除了对车辆产生垂向冲击,还对车轮,转向系统和悬架系统造成纵向和横向冲击,是对大中型载货汽车、自卸车进行可靠性试验的道路。

(7)扭曲路:它由左右两排互相交错分布的凸块组成,凸块形状通常为梯形、正弦形或环锥形。交错的凸块使汽车产生强烈扭曲,以检验车架车身结构强度和各系统之间连接强度与干涉。

(8)波状试验道路:又称搓板路(错位搓板与角度搓板),分为以下两种:①用于非簧载质量试验,波长为 700～1 000mm、振幅为 10～25mm,形状类似搓板;②用于簧载质量试验,波长为 2 000～15 000mm、振幅为 50～150mm,又称长波路。是用于考核轮胎、悬架系统、车身、车架以及结构部件的强度和可靠性比较理想的试验道路。

汽车试验场是重现汽车使用中遇到的各种各样道路条件和使用条件的试验场所,试验道路是实际存在的各种道路经过集中、浓缩、不失真的强化并典型化的道路,为汽车试验提供了稳定的路面试验条件,使汽车的试验场试验比在试验室或一般行驶条件下的试验更严格、更科学、更迅速、更实际。随着汽车技术的发展，会不断提出修筑新的试验设施的要求。

4.1.2 仿真试验方案

在我国汽车产品的研发过程中，整车和零部件的疲劳可靠性设计和试验问题还处于发展阶段，与国外先进的技术相比有很大的差距。通过数字化试验场的仿真计算，在产品开发研制阶段对整车各零部件疲劳性能进行预测，对指导汽车设计定型和制定汽车可靠性行驶试验标准具有重要意义。

(1)可以大幅减少可靠性试验次数，缩短新产品试验周期，同时，降低实际试验的费用。

(2)仿真试验技术的应用可以实现设计者、产品用户在设计阶段信息的互反馈，使设计者全方位吸收、采纳对新产品的建议。

(3)仿真试验技术代替试验场试验，实现了试验不受场地、时间和次数的限制，可对试验过程进行回放、再现和重复。

可靠性仿真试验是在数字化环境中进行的试验，可靠性仿真试验环境是基于软件工程研制的仿真试验系统，设计者将试验产品安装在试验环境里进行“试验”，借助交互式技术和试验分析技术，使设计者在设计阶段就能对产品的运行性能进行评价或体验。同时，仿真试验也是在计算机系统中采用软件代替部分硬件或全部硬件来建立各种仿真试验环境，使试验者可以如同在真实的环境中一样，完成各种预定的试验项目，使所取得的试验效果接近或等价于在真实环境中所取得的效果。可靠性仿真试验的实施一般需四个步骤：①仿真模型的开发；②数字化试验场建立；③仿真模型在数字化试验场中的调用；④试验结果的存储与回放。

4.2 仿真数字路面

建立仿真数字路面的关键在于构造满足一定随机分布规律要求而又符合整车仿真模型要求的路面，即能够生成数字化的用户使用路面与试验场可靠性试验路面，其中包括用户使用的各级路面以及试验场强化路面。

本章选择在 ADAMS 软件中建立路面的方法和文件格式，生成任意等级路面和车速下的道路文件，并能用于汽车疲劳可靠性仿真计算与可靠性分析。根据路面平面度空间功率谱密度、车速与三角网络相结合的方法来生成满足整车仿真模型所要求的路面文件。

4.2.1 数字化一般路面

根据 GB 7031—86《车辆振动输入—路面平度表示方法》的规定，路面空间位

移功率谱密度的拟合表达式采用以下形式

$$G_q(n)=G_q(n_0)\left(\frac{n}{n_0}\right)^{-\omega} \tag{4-1}$$

式中：n ——空间频率，m^{-1}；

n_0 ——空间参考频率，$n_0=0.1m^{-1}$；

$G_q(n)$ ——路面空间位移功率谱密度，m^2/m^{-1}；

$G_q(n_0)$ ——路面平面度系数，m^2/m^{-1}；

w ——频率指数。

在 GB 7031—86 文件中规定，按照功率谱密度 $G_q(n)$ 把路面分为八级，并规定了每级路面下的平面度系数 $G_q(n_0)$ 的取值范围和几何平均值，见表 4-1。

路面平面度系数表 表 4-1

路面等级	$G_q(n_0)$ $(10^{-8}m^2/m^{-1})$ $n_0=0.1m^{-1}$		
	下限	几何平均	上限
A	8	16	32
B	32	64	128
C	128	256	512
D	512	1024	2048
E	2048	4096	8192
F	8192	16384	32768
G	32768	65536	131072
H	131072	262144	524288

汽车的振动与车速关系密切，需根据车速将空间频域的功率谱密度 $G_q(n)$ 转换为时间频域的功率谱密度 $G_q(f)$，空间频率与时间频率存在以下关系

$$f=n\cdot u \tag{4-2}$$

式中：f ——时间频率，Hz；

n ——空间频率，m^{-1}；

u ——车速，m/s。

$$G_q(f)=\frac{G_q(n)}{u} \tag{4-3}$$

式中：$G_q(f)$ ——路面时间位移功率谱密度，$m^2\cdot s$。

在某一车速，根据某一等级路面平面度系数 $G_q(n_0)$ 的取值，可计算出一定空间频率范围内的 $G_q(n)$ 和 $G_q(f)$ 数据曲线，将 $G_q(f)$ 数据曲线输入 ADAMS，则可

计算出路面平面度的时间信号 $q(t)$，将 $q(t)$ 输入路面生成软件则可以生成这种等级下的路面文件，路面文件生成的流程如图 4-1 所示。

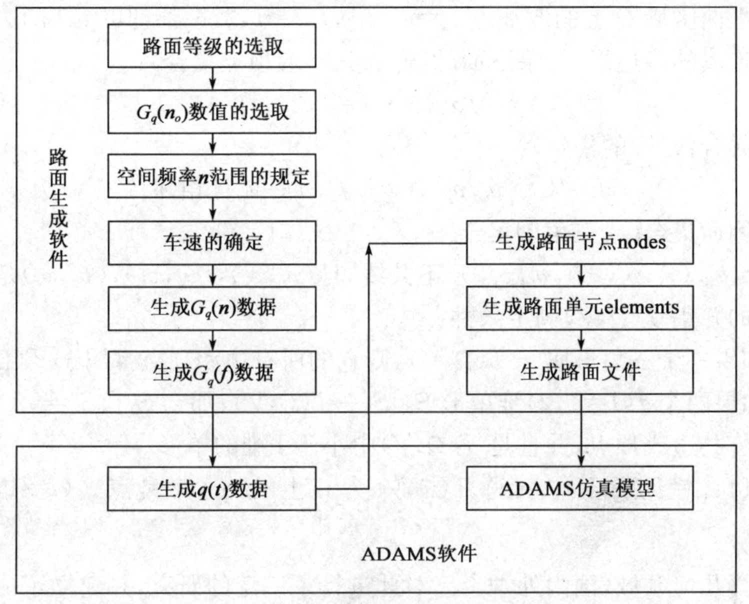

图 4-1　路面文件生成流程

以 B 级路面为例，在 60m/s 车速下生成的路面网格如图 4-2 所示。

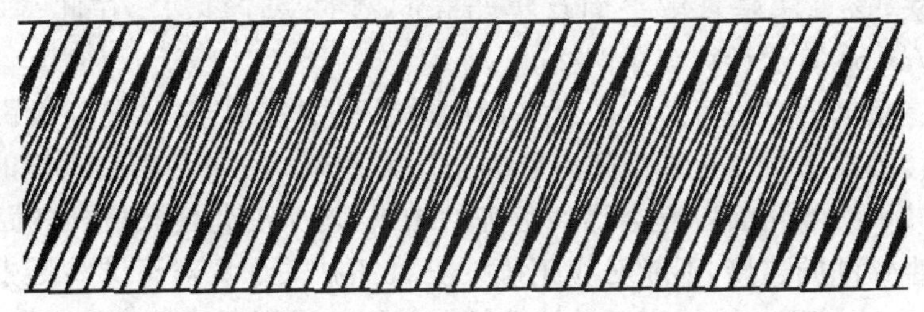

图 4-2　路面网格

4.2.2　数字化试验场路面

结合三角网格法，以通用的 $Oxyz$ 直角坐标系描述三维空间，将三维空间点集投影到 xy 面上，得到三维空间散乱点集在 xy 面的二维点集。三维空间点集与其在 xy 面上的投影点集之间存在一一对应的关系，三维空间点集的三角形连接与其在 xy 面上的投影点集的三角形连接也存在一一对应的关系。先将问题简化为二维平面散乱节点的三角剖分，再通过数据处理得到三维空间点集，建立三维数字化路面。二维平面散乱点集的三角网格连接关系的计算，可引用三角剖分来处理。二维点集的不规则三角网格划分，有广泛的应用背景。其数学定义如下：

已知平面区域Ω上的散乱点$v_i=(x_i,y_i)$，$i=1,2,\cdots,n$，其中Ω的边界是由某些散乱点连成的多边形，如果下面的网点集合（或顶点集合）：

$$V=\{(x_i,y_i),i=1,2,\cdots,n\}$$

网线集合（或边的集合）

$$E=\{e_{ij}(v_i,v_j),i\neq j,v_i,v_j\in V\text{ 且相邻}\}$$

以及网面集合（或三角形集合）

$$T=\{t_{ijk}(v_i,v_j,v_k),v_i,v_j,v_k\text{ 不共线,且}(v_i,v_j),(v_j,v_k),(v_k,v_i)\in E\}$$

构成的并集$T(\Omega,V)$满足条件：

(1)如果一个三角形属于$T(\Omega,V)$，则它的所有边和顶点都属于$T(\Omega,V)$。

(2)如果两个$I(I=1,2)$维单形$S_1,S_2\in T(\Omega,V)$，那么$S_1\cap S_2$要么是空集，要么是它们公共边或顶点，并且是$T(\Omega,V)$中小于I维的单形。

(3) $\bigcup\limits_{t_a\in T} t_a=T(\Omega,V)$。则称$T(\Omega,V)$为$\Omega$上的关于散乱点$v_i(i=1,2,\cdots,n,)$的三角剖分。

在计算几何领域，国内外学者已对此进行了广泛的研究，并建立了成熟的生成算法。一般先生成一个包含所有离散数据点的凸壳，并利用该凸壳生成一个初始的三角网，再逐个加入其他离散点，生成最终的三角网。对于凸壳的生成可采用格雷厄姆算法，该算法是求解平面点集凸壳问题的最佳算法。在此基础上，引用Bowyer-Watson算法计算三角网格。

引入三角剖分算法可解决二维平面中散乱点的三角连接，但以投影面内的三角剖分连接关系来对应三维空间点集的拓扑关系却不一定会得到正确的结果。对于变化比较平缓的路面一般会得到正确的结果，对于变化比较剧烈的路面则可能在局部产生错乱的连接，不能对应正确的三维拓扑关系。对于试验场中用于耐久性试验路面，直接用二维投影面的计算结果就不能得到正确的三维空间关系。

应用分层计算处理方法将实测的试验路激光扫描测量数据按照各点高程值进行分层处理，选择汽车可靠性行驶试验路面的比利时路与搓板路为例，试验场试验路面如图4-3、图4-4所示。

在地面上采集的分隔点被标记为基层，在路表面与地面相交的轮廓上所采集的点标记为轮廓层，在路表面中部采集的点标记为中间层，在路表面上部采集的点标记为顶层。在进行投影面点集三角剖分时，先读入基层和轮廓层的数据点，进行三角剖分计算，并在结果中去掉轮廓层数据点之间的三角连接，得到含有空洞的三角连接。再读入轮廓层和中间层数据点，进行三角剖分计算，在得到的三角连接中去掉轮廓层数据点之间的三角连接和中间层数据点之间的三角连接，与初始三角网合并后，得到在初始网格基础上加入路轮廓点与中间点之间的连接。最后读入中间层和顶层数据点，进行三角剖分计算，并去掉中间层数据点之间三角连接，与前两步的结果合并后得到完整的路面。通过对某汽车试验场的试验路面进行数据采集，编程生成汽车试验场中数字化比利时路数字路面，如图 4-5 所示。

图 4-3　试验场比利时路

图 4-4　试验场搓板路

汽车试验场搓板路是由一系列的凸起组成得到，每个凸起近似于正弦波，是沙石路上常见的路况。搓板路路面用水泥混凝土修筑，用于汽车的振动特性、性能、可靠性及耐久性疲劳试验。搓板路为等间隔、平直的路面，凸起高度为 25mm、长度为 360mm，其剖面形状为正弦波，凸起的间隔为 750mm，如图 4-6 所示，数字化搓板路面如图 4-7 所示。

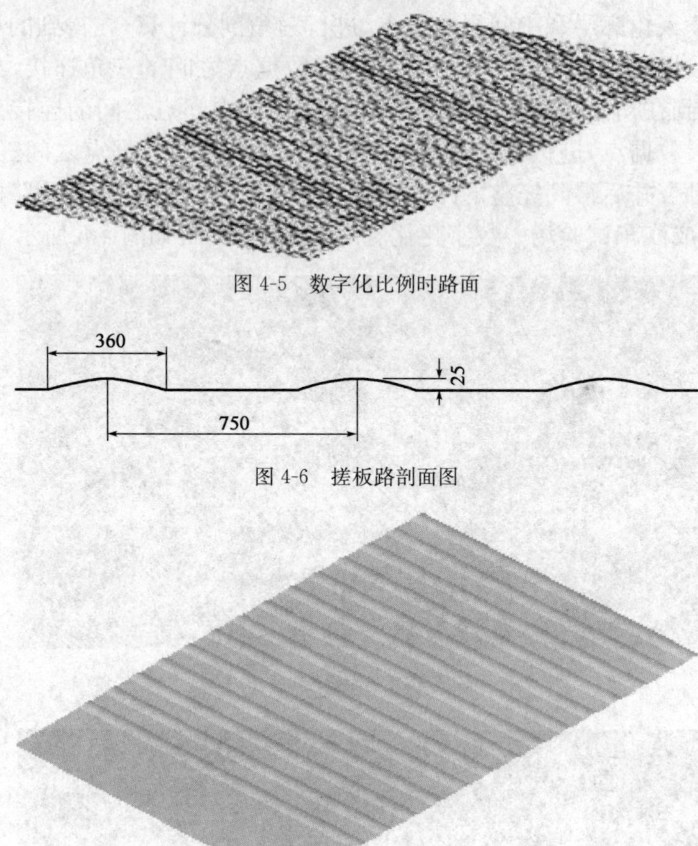

图 4-5 数字化比例时路面

图 4-6 搓板路剖面图

图 4-7 数字化搓板路路面

4.3 仿真分析

在数字化试验场可靠性仿真研究中，利用建立的用于可靠性分析的数字化试验路面，对关键部件可靠性进行整车仿真分析，应用 ADAMS/Durability 模块可以记录下平衡梁的应力时间历程，如图 4-8 所示。

根据材料力学知识可知平衡梁疲劳安全系数计算公式为

$$n_0 = \frac{\sigma_{-1}}{\eta^{-1}\sigma_a + \psi_\sigma \sigma_m} \tag{4-4}$$

ADAMS/Durability 将平衡梁柔性体的应力应变时域信号以基于有限元结果的 FE—Fatigue 格式输出，平衡梁的应力时间历程如图 4-9 所示，得到记录零件信息的疲劳文件和记录应力应变信息的时域数据文件，可利用这些文件进行疲劳寿命计算。

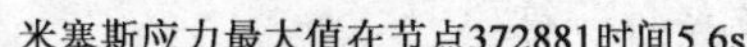

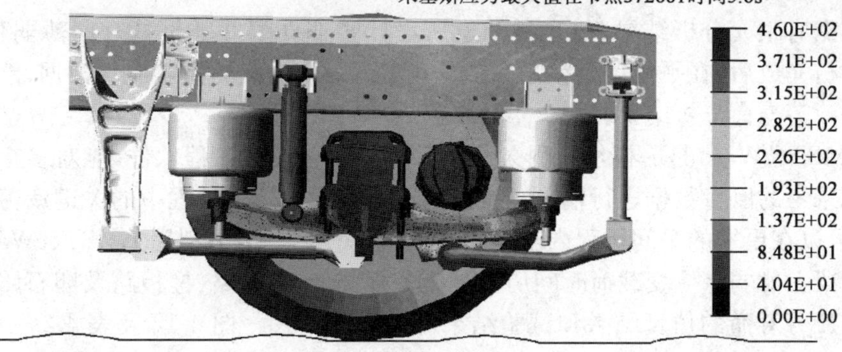

图 4-8　数字搓板路面可靠性仿真

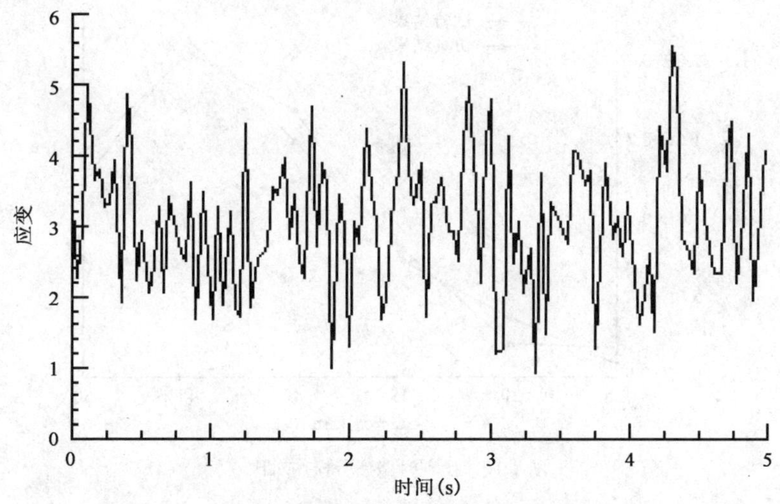

图 4-9　数字化搓板路面应力时间历程

根据整车模型的坐标和所要进行仿真分析的具体情况，对路面节点的三维坐标作平移运算，将路面平移到合适的位置。对整车模型初始位置的路面平面化，这样车辆在仿真的起始点可平稳的起步。在已得到点集的基础上再增加几个节点，并添加它们与原来点集的连接关系，使所建立的三维路面变成带有起步平面的路面。由于 ADAMS/View 和 ADAMS/Car 中两种文件对节点序号和节点之间的连接关系一致，因此使用同一个计算结果即可。按照 ADAMS 软件中路面文件的编写格式，将坐标点集和连接关系添加到路面文件中，以 ADAMS 软件环境下建立的数字化试验场路面库为基础，选取特定路面，可以对整车关键零部件进行耐久性仿真分析和疲劳寿命计算。

根据有限元分析结果，很容易知道所设计零部件哪些部位是寿命薄弱位置。物理样机完成后，在平衡梁上粘贴应变片测量寿命薄弱点的真实应变数据，能得到精确的疲劳寿命分析结果。

LMSTecWare 是一模块化耐久性载荷分析和合成的工程软件，能对多个试验数据源采集的巨量数据进行输入、验证和分析，并确定运转过程中的关键疲劳载荷情况，可以在更短的时间历程内获得同样的损伤预测。本书利用 LMSTecWare 计算平衡梁上薄弱点应变载荷时间历程的疲劳损伤，比利时路、搓板路及卵石路疲劳损伤与疲劳寿命的仿真结果和试验结果对比如图 4-10～图 4-12 及表 4-2～表 4-4 所示，表 4-5 为三种强化路面疲劳寿命里程仿真结果和试验结果的对比。

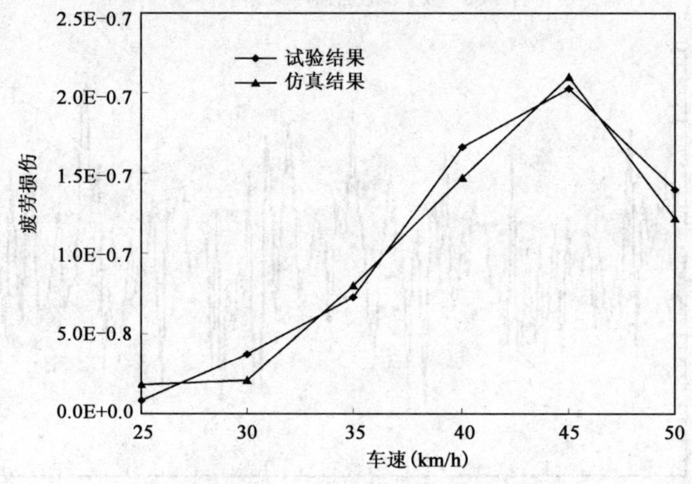

图 4-10　比利时路疲劳损伤对比

比利时路疲劳寿命仿真与试验结果　　表 4-2

车速(km/h)	疲劳寿命 N_f(次)	
	仿真结果	试验结果
25	5.55556E+07	1.25000E+08
30	4.76190E+07	2.70270E+07
35	1.25000E+07	1.36986E+07
40	6.80272E+06	6.02410E+06
45	4.76190E+06	4.92611E+06
50	8.19672E+06	7.14286E+06

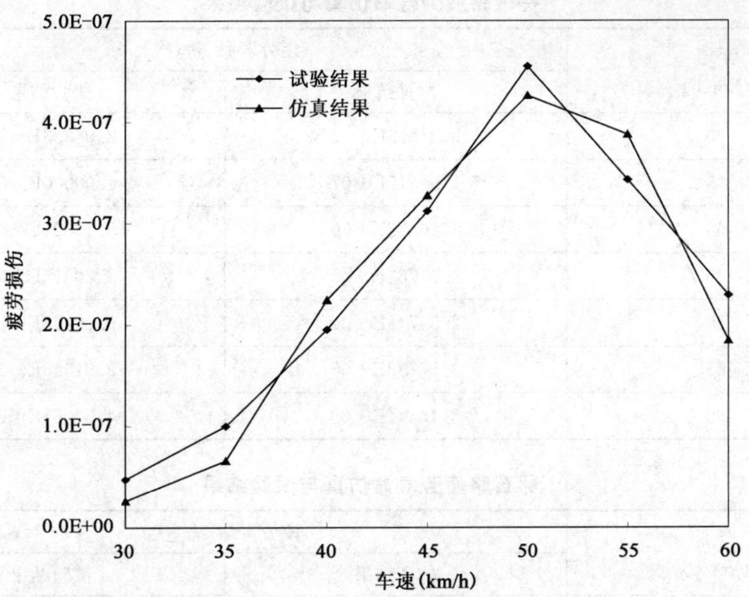

图 4-11 搓板路疲劳损伤对比

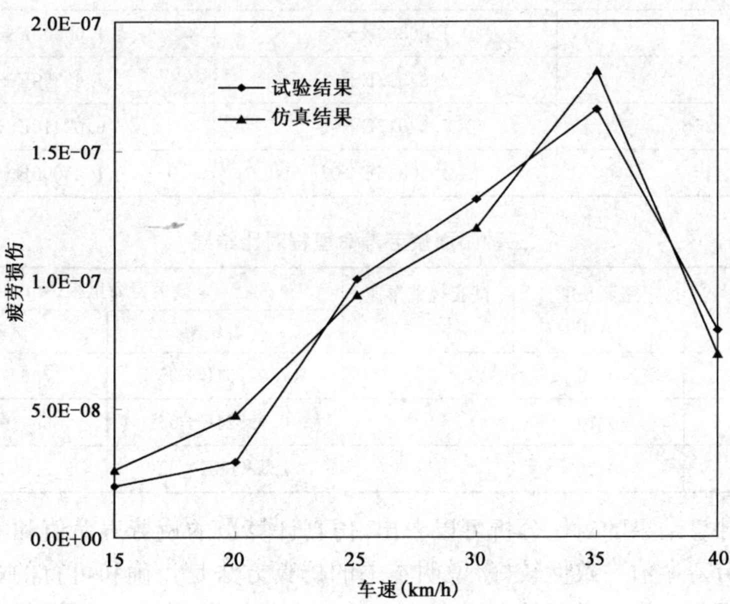

图 4-12 卵石路疲劳损伤对比

搓板路疲劳寿命仿真与试验结果 表 4-3

车速 (km/h)	疲劳寿命 N_f(次)	
	仿真结果	试验结果
30	3.84615E+07	2.08333E+07
35	1.51515E+07	1.00000E+07
40	4.46429E+06	5.12821E+06
45	3.04762E+06	3.20513E+06
50	2.34742E+06	2.19298E+06
55	2.57732E+06	2.91545E+06
60	5.40541E+06	4.36681E+06

卵石路疲劳寿命仿真与试验结果 表 4-4

车速 (km/h)	疲劳寿命 N_f(次)	
	仿真结果	试验结果
15	3.84615E+07	5.00000E+07
20	2.12766E+07	3.44828E+07
25	1.06383E+07	1.00000E+07
30	8.33333E+06	7.63359E+06
35	5.54017E+06	6.02410E+06
40	1.40845E+07	1.25000E+07

三种路面疲劳寿命里程对比结果 表 4-5

路面类型	路面长度 (km)	试验规范车速 (km/h)	疲劳寿命里程(km)	
			仿真结果	试验结果
比利时路	0.56	35	7.02761E+05	7.67122E+05
搓板路	0.20	45	6.09524E+05	6.41026E+05
卵石路	0.20	25	2.12766E+05	2.02576E+05

通过计算结果的对比分析可以看出,仿真计算出的疲劳寿命值和实测应变计算出的疲劳寿命值一致性较好,说明本书的仿真方法是正确和可行的。每个雨流计数循环都在构件或零部件中引发一定量的疲劳损伤,由整个时域载荷信号引起的总损伤可通过累加雨流矩阵直方图中每个循环引起的损伤值得到。

平衡梁在动载荷历程作用下,零件局部应力-应变响应中的每一个滞回环就代表一个疲劳损伤单元。在确定了各个滞回环,并且已知结构应变-寿命($\varepsilon - N_f$)曲线的条件下,就可以计算各个滞回环引起的疲劳损伤。

假设一个载荷历程形成了 M 个滞回环,每个滞回环的两个顶点坐标分别为 $(\varepsilon_{1i},\sigma_{1i})$ 和 $(\varepsilon_{2i},\sigma_{2i})$,$(i=1,2,\cdots,M)$。每个滞回环的应变变程 $\Delta\varepsilon_i$ 和平均应力 σ_{0i} 分别为

$$\Delta\varepsilon_i = |\varepsilon_{1i} - \varepsilon_{2i}| \tag{4-5}$$

$$\sigma_{0i} = (\sigma_{1i} + \sigma_{2i})/2 \tag{4-6}$$

利用 Miner 疲劳线性损伤累积理论计算承载构件的疲劳寿命是基于零均值应力的,而通常得到的实际应力循环中平均应力并不为零,对于每一组应力幅值和应力均值其循环特性是变化的。应将非零平均应力的应力循环等效转换为零平均应力的应力循环,本书应用 Manson-Coffin 式(4-7)对平均应力进行修正,即

$$\frac{\Delta\varepsilon}{2} = \frac{(\sigma'_f - \sigma_0)}{E}(2N_f)^b + \varepsilon'_f(2N_f)^c \tag{4-7}$$

式中:$\Delta\varepsilon$ ——应变幅值;

σ'_f ——疲劳强度系数;

σ_0 ——滞回环的平均应力;

E ——弹性模量;

ε'_f ——疲劳塑性系数;

b ——疲劳强度指数;

c ——疲劳塑性指数;

N_f ——疲劳寿命。

把应变幅值 $\Delta\varepsilon_i$ 和平均应力 σ_{0i} 带入式(4-7),得

$$\frac{\Delta\varepsilon_i}{2} = \frac{(\sigma'_f - \sigma_{0i})}{E}(2N_{fi})^b + \varepsilon'_f(2N_{fi})^c \tag{4-8}$$

解式(4-8)得到每个滞回环对应的裂纹形成寿命 N_{fi}。设各个滞回环所造成的疲劳损伤为 D_i,则

$$D_i = \frac{1}{N_{fi}} \tag{4-9}$$

根据 Miner 线性损伤累积法则,把各个滞回环所造成的疲劳损伤累加起来就得到整个载荷历程在结构中所造成的疲劳损伤 D,即

$$D = \sum_{i=1}^{M} D_i = \sum_{i=1}^{M} \frac{1}{N_{fi}} \tag{4-10}$$

如果一个载荷历程对平衡梁造成的总损伤为 D,则经受 L_f 个这样的历程作用所受到的损伤为 D_{L_f},则

$$D_{L_f} = D \cdot L_f \tag{4-11}$$

式中:L_f——疲劳寿命历程数目,即材料经受 L_f 个相同的载荷历程的重复作用后发生疲劳损坏。

当 $D_{L_f} = 1$ 时,认为结构发生疲劳损坏,即

$$L_f = \frac{1}{D} \tag{4-12}$$

第 5 章　相关用户试验方法模型

根据结构疲劳理论，车辆的疲劳损伤主要是由循环载荷引起的，若汽车的输入载荷相同，那么它所引起的疲劳损伤理论上也应相同，因汽车各部位所承受的载荷基本上与汽车的输入载荷信号成比例。基于这一原理，如果已知用户实际使用环境中汽车的载荷输入，就可以在汽车试验场按照一定的比例混合各种路面及各种事件重现这一载荷输入。由于载荷重现通常可在较短的时间内完成，因此可以达到试验加速的目的。测试仪器的功能和道路载荷数据采集技术的提高，使得测量"用户实际是如何使用的"并作为试验规范的制定基础成为可能。

5.1　用户目标里程确定

5.1.1　用户调查数据处理

建立用户使用工况和试验场强化试验相关联的试验规范，首先要对用户使用的相关同类车型进行实地调查。调查用户的使用情况是建立合理的用户用途目标的有效途径，这种调查可通过销售、维修、市场等部门来获得统计数据。因为大部分汽车制造厂家的这些数据都是现成的，从用户数据中通常可以获得一个用户使用分布图。当前许多汽车生产商大都是按照 B_{10} 用户的用途目标制定设计要求、确定设计目标里程的。

目标用户使用条件的建立和试验场各种强化路面加速系数的测定是制定符合用户使用条件的可靠性强化试验规范和对强化试验结果进行科学分析评价的关键。用户使用目标的建立是一项非常复杂的工作，可以将调查的用户信息通过数据处理软件排列形成一个参数频谱图，根据每种道路类型对应的参数频谱，可以建立每个参数对应的用户使用情况。在定义用户百分比时，这些用户使用情况可以决定对应的参数值，针对每个参数可以描绘出用户使用情况图谱。

研究用户与试验场之间的关联性，在全国范围内调查了 503 份车辆用户信息。调查内容主要包括用户使用的路面类型比例、行驶车速、交通状况、驾驶习惯及装载质量等。许多汽车公司要求设计、试验的目标里程要与用户使用的某个百分点配合，汽车是大批量生产的产品，如果满足最恶劣的用户使用条件，将使产品的成本大幅增加，汽车生产商及大多数用户都无法承受，一般地，中下级产品满足 B_{10}（可靠度为 90%）寿命、中高级产品满足 B_5 寿命是最经济的。因此，对于重型载货汽车的可靠性试验规范应按 B_{10} 用户的使用目标里程来制定，该目标里程可通过 Monte-Carlo 仿真计算获得。

5.1.2 威布尔分布参数估计

威布尔(Weibull)分布近年来在国内外得到了广泛应用，威布尔概率密度分布函数的优点在于存在最小安全寿命，即 100%可靠度的安全寿命。而按正态分布理论，只有当对数安全寿命趋于$-\infty$时可靠度才等于 100%，显然这是不符合实际情况的，亦即正态分布理论不足之处。为弥补这一不足，可增加一待定参数 γ，此处 γ 为 100%可靠度的最小安全寿命。即使如此，有时还会给出 $\gamma\to 0$ 的结果。采用威布尔分布理论，在极高可靠度范围(99.99%～100%)内所给出的安全寿命或最小安全寿命仍然比较符合实际情况。正态分布理论适用于中、短寿命区的情况，而威布尔分布不限于在这个范围内，对于疲劳寿命大于 10^6 循环的长寿命区，有些试验结果也近似地服从威布尔分布，从而能给出在长寿命区的安全寿命。

在研究汽车可靠性工程中，工程材料的疲劳强度、疲劳寿命、磨损寿命、腐蚀寿命以及有许多单元组成的汽车总成，一般都服从威布尔分布。在汽车零部件可靠性的试验处理中，除非很有把握知道属于某种分布，一般用威布尔分布来统计汽车零部件的寿命。对于用户使用的典型路面，承载系统各构件的疲劳寿命里程服从三参数威布尔分布，其分布函数为

$$F(L) = 1 - \exp\left[-\left(\frac{L-\gamma}{\eta}\right)^{\beta}\right] \tag{5-1}$$

概率密度函数为

$$f(L) = (\beta/\eta)\left[\frac{L-\gamma}{\eta}\right]^{\beta-1} \exp\left[-\left(\frac{L-\gamma}{\eta}\right)^{\beta}\right] \tag{5-2}$$

由于威布尔概率密度函数中包含有三个待定参数，所以它能更完善地拟合试验数据点。威布尔分布概率密度函数曲线如图 5-1 所示，曲线高峰通常偏斜向左，倾斜程度随 β 而变化。当形状参数时 $\beta=1$，为一简单的指数概率密度函数；当 $\beta=2$ 时，为瑞利概率密度函数；$\beta=3\sim4$ 时，接近正态概率密度函数。通过形状参数 β 的变化，使威布尔分布有了较为广泛的适应性。

对于威布尔分布进行参数估计的方法有很多，本书应用极大似然估计法进行参数估计。极大似然估计法的基本思想是选择待定参数，使调查出现在观测值领域内的概率最大，并以这个值作为未知参数的点估计值。根据式(5-2)和极大似然估计的基本原理，构成的似然函数为

$$L = \prod_{i=1}^{m} (\beta/\eta)\left[\frac{(x_i-\gamma)}{\eta}\right]^{\beta-1} \exp\left[-\left(\frac{(x_i-\gamma)}{\eta}\right)^{\beta}\right] \tag{5-3}$$

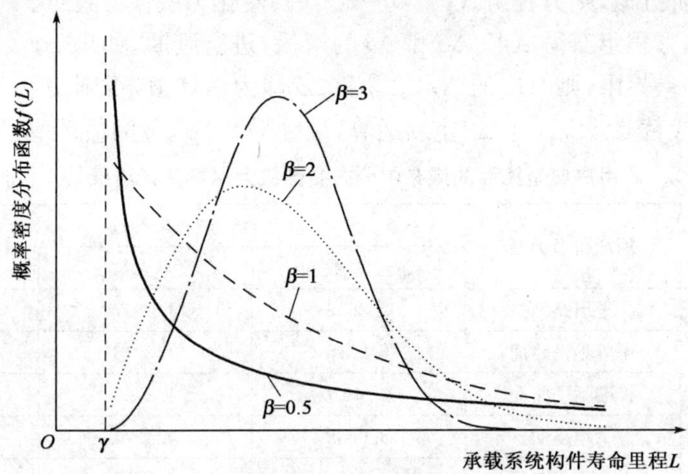

图 5-1 威布尔分布概率密度曲线

两边取对数有

$$\ln L = m\ln\beta - m\beta\ln(\theta-\gamma) + (\beta-1)\sum_{i=1}^{m}\ln(x_i-\gamma) - \frac{1}{(\theta-\gamma)^{\beta}}\sum_{i=1}^{m}\ln(x_i-\gamma)^{\beta} \tag{5-4}$$

令

$$\eta = \theta - \gamma$$

由此构成三参数威布尔分布的似然方程为

$$\frac{\partial \ln L}{\partial\gamma} = \frac{m\beta}{\theta-\gamma} - (\beta-1)\sum_{i=1}^{m}\frac{1}{x_i-\gamma} - \frac{\beta}{(\theta-\gamma)^{\beta-1}}\sum_{i=1}^{m}(x_i-\gamma)^{\beta} + \frac{\beta}{(\theta-\gamma)^{\beta}}\sum_{i=1}^{m}(x_i-\gamma)^{\beta-1} = 0 \tag{5-5}$$

$$\frac{\partial \ln L}{\partial\beta} = \frac{m}{\beta} - m\ln(\theta-\gamma) + \sum_{i=1}^{m}\ln(x_i-\gamma) + \frac{\ln(\theta-\gamma)}{(\theta-\gamma)^{\beta}}\sum_{i=1}^{m}\ln(x_i-\gamma)^{\beta} - \frac{\sum_{i=1}^{m}\left[(x_i-\gamma)^{\beta}\ln(x_i-\gamma)\right]}{(\theta-\gamma)^{\beta}} = 0 \tag{5-6}$$

$$\frac{\partial \ln L}{\partial\theta} = -\frac{m\beta}{\theta-\gamma} + \frac{\beta}{(\theta-\gamma)^{\beta+1}}\sum_{i=1}^{m}(x_i-\gamma)^{\beta} = 0 \tag{5-7}$$

显然似然方程组为非线性方程组，直接获得解析解是不可能的，必须应用计算机通过 Newton-Raphson 迭代法对式(5-5)～式(5-7)给出的非线性方程组进行求解。

首先要给出待估计参数 γ、β、θ 的初选值 γ_0、β_0、θ_0，同时再令 $\gamma_0+\Delta\gamma=\gamma$，$\beta_0+\Delta\beta=\beta$，$\theta_0+\Delta\theta=\theta$，然后在 γ_0、β_0、θ_0 处将似然方程组的左端各项进行级数

展开，并作一阶近似，则方程组式(5-5)～式(5-7)转化为线性方程组。

求解线性方程组获得 $\Delta\gamma$、$\Delta\beta$ 和 $\Delta\theta$ 的解后，进行判断，如果 $\Delta\gamma$、$\Delta\beta$ 和 $\Delta\theta$ 均小于给定的误差界限，则对应的 $\Delta\gamma$、$\Delta\beta$ 和 $\Delta\theta$ 即为估计值，否则用 $\gamma_0+\Delta\gamma$、$\beta_0+\Delta\beta$、$\theta_0+\Delta\theta$ 代替 $\Delta\gamma$、$\Delta\beta$ 和 $\Delta\theta$ 重新运算，最终得 γ、β、η 的估计值，见表 5-1。

用户典型路面的威布尔分布参数极大似然估计结果 表 5-1

承载系统构件	用户路面类型	威布尔参数		
		位置参数 γ	形状参数 β	尺度参数 η
前桥	平坦路面	7.8659	1.3697	14.2175
	中等不平路面	9.2015	1.2313	23.8619
	极端不平路面	13.4270	1.2765	26.5870
后桥	平坦路面	8.6638	1.4274	13.4968
	中等不平路面	7.2981	1.1816	21.8463
	极端不平路面	9.3419	1.1289	14.2017
车架	平坦路面	6.4756	1.3591	19.3651
	中等不平路面	14.9210	1.5684	22.0872
	极端不平路面	6.6725	1.2630	31.8215
驾驶室	平坦路面	7.5493	1.2436	28.0434
	中等不平路面	11.8614	1.4870	27.9042
	极端不平路面	9.0717	1.2542	17.1918
发动机悬置	平坦路面	7.1216	1.3638	28.8633
	中等不平路面	10.2650	1.2815	25.4126
	极端不平路面	8.9218	1.1951	16.2790

根据 Miner 累积损伤法则，对于平坦、中等不平和极端不平路三种典型路面，构件的用户使用总疲劳寿命里程为

$$\frac{1}{L_C}=\left(\frac{1}{W_a}\right)\left(\frac{f_s}{L_s}+\frac{f_m}{L_m}+\frac{f_e}{L_e}\right) \tag{5-8}$$

式(5-8)中 W_a 为质量调整因数，其计算式为

$$W_a=\left(\frac{L_{PH}}{L_{PL}}\right)^{[(W_R-W_{ACQ})/(W_H-W_L)]} \tag{5-9}$$

对于每个承载系构件，根据各用户使用不同路面里程所占的百分比及质量调整因数，应用式(5-1)计算出三种典型路面的 B_{10} 寿命里程，结合式(5-8)、式(5-9)可求得总的寿命里程。

5.1.3 90%用户目标里程的 Monte-Carlo 仿真

通过对用户 B_{10} 寿命里程数据的分析，可知 90%用户的寿命里程 L 服从正态分布，设 L_A 为 90%用户的平均目标里程，$f(L)$ 为 L 的概率密度分布函数，其数学表达式为

$$f(L)=\frac{1}{\sigma\sqrt{2\pi}}e^{-\frac{(L-\mu)^2}{2\sigma^2}} \tag{5-10}$$

因此，90%用户的平均目标里程 L_A 可表示为

$$L_A=\int_{-\infty}^{+\infty}Lf(L)\mathrm{d}L \tag{5-11}$$

Monte-Carlo 仿真是一类通过随机模拟和统计试验来求解数学、物理、工程技术以及生产管理等方面问题的近似解的数值方法。一般先根据问题物理性质建立随机模型，然后再根据模型中各个随机变量的分布，在计算机上产生随机数，进行大量统计试验获得所求问题的大量试验值，最后由这些试验结果求它的统计特征量。均匀分布于[0,1]上的随机数是进一步产生其他概率分布随机数的基础，可由物理方法和递推公式法产生，由于 Monte-Carlo 方法的计算量巨大，不借助于计算机这种方法根本无法应用。而计算机产生随机数的方法均使用公式法，产生的随机数具有一定的周期性，严格地讲是伪随机数。针对本书要求解的 90%用户目标里程数值，伪随机数完全可以满足对于解的准确度要求。在 Excel 中实现 Monte-Carlo 仿真方法，具有简便直观的特点，且计算结果容易统计。Excel 函数库中的 RAND( )函数可以方便地产生均匀分布于区间[0,1]上的伪随机数。

设 X_i $(i=1,2,\cdots,n)$为独立任意分布随机变量，对 X_i 进行随机取样的基本做法可表示为：

(1)针对 X_i $(i=1,2,\cdots,n)$，采用随机数表或有关数学方法产生区间[0,1]上均匀分布随机数 μ_i^j $(i=1,2,\cdots,n;j=1,2,\cdots,N)$，并检验其均匀性和独立性。

(2)根据 μ_i^j 确定相应的 $X_i^j$$(i=1,2,\cdots,n;j=1,2,\cdots,N)$。设 X_i 的分布函数为 $F_{X_i}(x)$，在区间[0,1]上均匀分布随机变量 U 的分布函数为 $F_U(u)=u$。

若记　$F_U(u_i)=F_{X_i}(x)$

则有

$$x_i=F_{X_i}^{-1}(u_i) \tag{5-12}$$

由式(5-12)可得

$$x_i^j=F_{X_i}^{-1}(u_i^j) \tag{5-13}$$

若随机变量 X_i 服从正态分布 $N(\mu_{X_i},\sigma_{X_i})$，则利用坐标变换可得

$$x_i^j=(-2\ln\mu_i^j)^{\frac{1}{2}}\cos(2\pi\mu_i^{j+1})\sigma_{X_i}+\mu_{X_i} \tag{5-14}$$

$$x_i^{j+1} = (-2\ln\mu_i^j)^{\frac{1}{2}}\sin(2\pi\mu_i^{j+1})\sigma_{X_i} + \mu_{X_i} \tag{5-15}$$

Monte-Carlo 是通过统计分析求解实际问题近似解的一种数值方法。应用 Monte-Carlo 方法仿真求解用户平均目标里程 L_A 的步骤是:

(1)针对要计算的用户平均目标里程,建立一个便于实现的概率统计模型,使所求的 L_A 恰好是该概率统计模型的数学期望。

(2)对模型中的随机变量建立抽样方法,在计算机上进行模拟试验,抽取足够多的随机数,对有关事件进行统计。

(3)建立一个或多个无偏估计量作为所要求问题的解。用统计方法估计出模型的数值特征。

(4)统计处理仿真结果,获得所求解的统计估计值。

由式(5-14)、式(5-15)抽样产生正态分布的随机数,利用生成的随机数进行仿真求出 90%用户目标里程。

通过对用户平均目标里程 L_A 计算积分数值的 Monte-Carlo 仿真计算,得到承载系构件的 90%用户目标里程,见表 5-2。

汽车承载系构件 90%用户目标里程 表 5-2

车辆承载系构件	前桥	后桥	车架	驾驶室	发动机悬置
90%用户目标里程(km)	478440	451363	385622	539869	505837

5.2 用户使用数据调查

在进行试验数据采集之前,需要对用户车辆进行调查以了解用户的实际使用情况。为了得到一个具有代表性的统计结果,用户调查地点分别选择在东北、西北、中部和南部四个不同区域进行,在这些区域中随机选出某些载货车辆的驾驶员来作为调查对象。为了让每个接受调查的驾驶员对不同路面划分的了解,应该用最简单的语言在安全或合适行驶速度方面对每种路面进行描述,同时驾驶员也被要求对有代表性的三种公路进行识别,在这些公路段上进行数据收集,能有助于了解地点选择和个体认知的差异。

5.3 用户车辆自然状况调查

5.3.1 用户车辆地区分布

用户调查是一个庞大的系统工程,为能真实地模拟用户实际使用工况,至少要在全国调查 500 个车辆用户数据。本次调研共收集有效车辆用户样本 503 个,调查在华东、华中、华北、东北及西南五个地区的 12 个省市展开,地点以配货市场及物流中心的车辆为主。华东地区国内运输最为发达、车辆保有量最大，34%的较大取样比例符合现实情况，其他地区取样比例在15%～17%，数量均衡。具体调查地点分布见表5-3。

用户调查地点分布 表5-3

华东			华中			华北			东北			西南		
省份	数量	总数（百分比）	省份	数量	总数（百分比）	省份	数量	总数（百分比）	省份	数量	总数（百分比）	省份	数量	总数（百分比）
上海	85	169（34%）	湖北	51	88（17%）	河北	49	87（17%）	辽宁	64	84（17%）	云南	54	75（15%）
山东	59		河南	30		天津	38		吉林	20		贵州	21	
安徽	25		广西	7										

5.3.2 用户车辆车籍分布

调查统计结果显示车籍与调查地点具有差异，其产生原因在于物流运输业流动性的特点。统计调查用户车辆车籍属地的情况，发现25个省市所属地区向华东、华北和东北集中，说明运输业从业者来源于这三大地区居多，用户调查车辆车籍分布见表5-4。

用户调查车辆车籍分布 表5-4

华东			华北			东北		
省份	数量	总数（百分比）	省份	数量	总数（百分比）	省份	数量	总数（百分比）
安徽	60	124（25%）	河北	68	133（26%）	辽宁	60	115（23%）
山东	52		内蒙	42		黑龙江	37	
江苏	10		山西	23		吉林	18	
江西	7							
浙江	1							
福建	1							
华中			**西南**			**西北**		
省份	数量	总数（百分比）	省份	数量	总数（百分比）	省份	数量	总数（百分比）
河南	50	73（16%）	重庆	11	30（6%）	陕西	10	21（4%）
湖北	17		云南	9		甘肃	6	
广西	4		贵州	5		宁夏	2	
湖南	2		四川	5		新疆	2	
						西藏	1	

5.4 不同路面的年行驶里程

在调查的用户中,重型载货运输车行驶的道路多以高速公路、国道等平坦道路为主,占62%,年平均行驶里程为7.6万km。运输车辆在山路的行驶比例占21%,年平均行驶里程为2.6万km。其他路面平均年行驶里程均在1万km及以下,用户年行驶里程进行排序见表5-5。

各种不同路面年行驶里程排序　　表5-5

排序比重	0.2%	10%	25%	50%	75%	90%	100%	平均值
排序位置	1	51	126	252	377	452	503	
山路(km)	0	0	2000	20000	36000	60000	320000	25597
越野路(km)	0	0	0	0	0	0	40000	722
市区路(km)	0	0	0	2000	10000	18000	64000	6693
平坦路(km)	0	24000	49000	75000	98000	120000	288000	75829
中等路(km)	0	0	0	36000	15000	30000	119000	10776
坏路(km)	0	0	0	0	0	9000	99000	2174

调查的503个用户在过去一年里行驶过山路的有389个,占77%;行驶过越野路的有32个,占6%,其中年行驶里程以2万km以内居多;行驶过平坦路的有493个,占98%,其中年行驶里程以5万~10万km居多;行驶过中等不平路的有268个,占53%,其中年行驶里程以3万km以内居多;行驶过坏路的有103个,占20%。

统计结果显示,平坦路年行驶里程所占比重最大,平均值为62%,中位值为70%,中间50%的用户为50%~80%。

5.5 用户装载情况调查

5.5.1 车辆实际装载质量

3轴车满载时绝大部分载质量在20t以下,其中60%的车辆载质量在15~20t范围内,如图5-2所示;4轴车满载时绝大部分载质量在28t以下,其中79%的车辆载质量在24~28t,如图5-3所示。

统计调查中,3轴、4轴车都恰好达到了最大合法承载质量,3轴车载质量超过19t、4轴车载质量超过27t、5轴车载质量超过35t的用户只有223个,占调查总体的比例为44%,同往次调查的百分之百有超载的情况相比改变较大。图5-4、图5-5所示为实际运输过程中用户超载的情况。

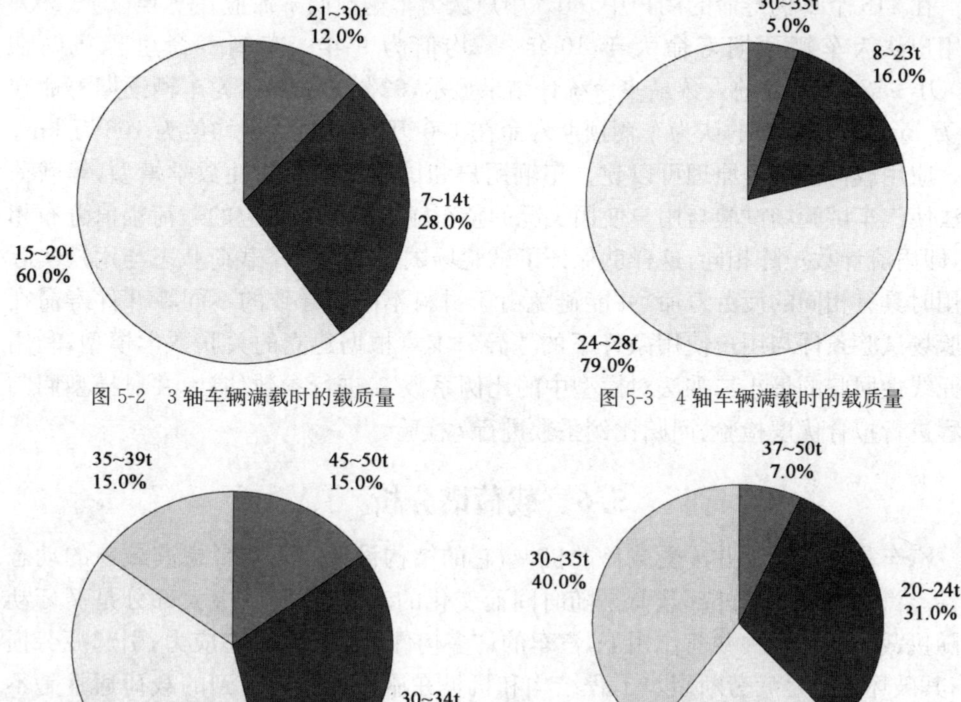

图 5-2　3 轴车辆满载时的载质量

图 5-3　4 轴车辆满载时的载质量

图 5-4　3 轴车辆超载时的载质量

图 5-5　4 轴车辆超载时的载质量

5.5.2　各种装载质量下的年行驶里程

重型运输车作为一种以营运为目的的车辆，目前运输市场上的运输价格明确，空载和半载行驶都意味着没有利益回报。表 5-6 按用户年行驶里程进行排序，统计结果显示，用户在超载和满载的情况下行驶里程最长。

不同载质量情况下年行驶里程排序　　表 5-6

排序比重	0.2%	10%	25%	50%	75%	90%	100%	平均值
排序位置	1	51	126	252	377	452	503	
空载里程(km)	0	0	0	0	6000	20000	200000	6217
半载里程(km)	0	0	0	0	0	12000	97500	3685
满载里程(km)	0	0	9000	81000	119880	142500	400000	98594
超载里程(km)	0	0	0	0	72000	120000	240000	79318

在416个车辆寿命的用户中，80%用户认为车辆预期寿命应在7年以上，59%的用户认为车辆预期寿命大于10年，平均值为9年。车辆寿命里程集中在100万～120万km的人数最多。统计结果显示，92%的用户认为车辆预期寿命在60万km以上，62%的认为车辆预期寿命在100万km以上，平均值为106万km。

应用载荷谱相等原理可以建立车辆用户和试验场的关联性数学模型，等载荷谱法使汽车试验场试验与用户使用工况的整车输入和主要响应的载荷幅值分布相等，即雨流计数矩阵相同，这样就保证了试验场试验时的整车载荷状态与用户实际使用时具有相同的疲劳寿命，并能避免由于材料不同而导致的不同零部件寿命在试验场试验条件与用户使用条件下的差异。本章根据建立的关联数学模型，利用多元线性回归的最小二乘法对模型中的比例系数 β_i 进行参数估计，并对模型回归方程进行拟合优度检验、回归比例系数进行 t 检验。

5.6 载荷谱分析

汽车是高速运动并承受载荷的机械，它的结构设计一定要考虑其载荷的动态特性。汽车所承受的外部载荷是随时间而变化的动态载荷，其中大部分是循环动态随机裁荷。在这种载荷作用下，汽车的许多构件上都产生动态应力，引起疲劳损伤，其破坏形式是疲劳断裂。工程结构和机械在服役过程中受到的载荷通常是不规则的，而且是随时间变化的。对所有的实际结构都可以看作是有一定复杂程度的弹性系统，当系统上施加随时间变化的工作载荷时，会激起系统的多个振动模态，在离开加载点足够远的某一点的系统动态响应表现为应力-时间历程，它与载荷-时间历程相比较，在振幅、相位和频率上都不一样。这样的应力-时间历程包含两方面的内容，即外部载荷的作用和结构对这些载荷的动态响应。在实际的测试中，通常不能直接观察外部载荷，只能测量它在结构上某些特定点的响应，通常把从结构中某一点测得的输出响应函数都统称为应力-时间历程，即不管它们是应力、应变还是其他任何可以说明结构应力信息的量，如力矩、剪切力或加速度等。

载荷分析是汽车零部件疲劳强度计算、寿命估算及疲劳可靠性试验的基础。载荷谱可以指外载荷谱也可以泛指应变谱、应力谱、扭矩谱等。在寿命估算中感兴趣的是应变谱、应力谱或裂纹尖端的强度因子振程谱。所有峰值载荷均相等和所有谷值均相等的载荷称为恒幅载荷，峰值载荷或谷值载荷均不等的载荷称为谱载荷，峰值或谷值及其序列是随机出现的谱载荷称为随机载荷。由于随机载荷的幅值和频率都是随机变化的且不确定，所以它不能用一个简单数学表达式来描述，任何一类载荷都可以用其幅值分布和频率结构来描述它们的统计特性，因而将载荷的幅值分布和频率结构称为载荷谱。这样载荷谱就成为任何一个工程(包括机械工程)设计、试验和评价其优劣的依据。近年来载荷谱成为国内外各个工程领域研究的重要课题,出现了汽车工程中的路面谱以及农机和工程机械中的作业载荷谱等。对于外载荷谱,利用有限单元法通过计算可以获得零件各点的应力谱,也可以通过零件的传递函数计算得各点的响应谱。承受随机载荷的汽车零件,在进行疲劳强度计算、寿命估算前,必须先确定载荷谱,载荷的大小、循环次数和排列顺序是疲劳载荷谱的三个主要成分。由于实测的应力-时间历程的随机性、真实工作状态千变万化,以及为了分析和试验方便,压缩试验时间,都必须通过处理和分析把实测应力-时间历程加以简化,以得到能反映真实情况具有代表性的"典型载荷谱"。应力实测数据繁多,即便在几分钟内也能采集到成千上万个数据,为此,在判别和计数时应采用自动化方式,利用计算机进行处理。

5.7 结构的疲劳损伤机理

5.7.1 结构的疲劳破坏

疲劳破坏和静力作用下的强度失效有本质的区别。尽管机械零部件的几何形状和受力方式千差万别,它们的载荷变化曲线也各不相同,但是在静载荷作用下的破坏过程一般都要经历弹性变形、塑性变形和断裂三个阶段。对于塑性材料一般都存在着较大的塑性变形,而疲劳破坏则存在明显的差异,主要表现在以下几个方面:

(1)在交变载荷作用下,零件中的交变应力幅在远小于材料的强度极限的情况下就可能发生破坏。

(2)不管是脆性材料或是塑性材料,疲劳断裂在宏观上均表现为无明显塑性变形的突然断裂,即表现为低应力类脆性断裂。

(3)疲劳破坏具有高度的局部性和对各种缺陷的敏感性,即在局部高应力区和较弱晶粒处首先产生裂纹源。

(4)疲劳破坏不是一次性破坏,它是一个累积损伤的过程,经历一段相当长的时间,实践表明这个过程包含三个阶段:裂纹源的形成、裂纹的扩展和瞬时断裂。

(5)疲劳破坏断口在宏观和微观上均有其特性,特别是宏观特性利用目视即可发现疲劳裂纹的起源点、疲劳裂纹扩展区和瞬时断裂区。

5.7.2 结构的疲劳寿命

疲劳破坏是一个累积损伤的过程,累积损伤理论是经过疲劳寿命试验对疲劳破坏过程的研究和分析而提出的累积损伤规律,它揭示每一次载荷循环造成损伤之间的相互关系和按照什么样的规律进行累积的。当前计算随机载荷下零件的疲劳寿命的方法有名义应力法和局部应力-应变法。名义应力法常用于高周疲劳寿命的计算;局部应力-应变法在于零件的疲劳破坏总是在应力集中的部位产生,虽然名义应力还处于弹性极限的范围内,但在发生疲劳破坏的应力集中部位,应力已超过屈服极限产生塑性变形,要应用循环应变和寿命的关系来估算零件的疲劳寿命。

5.7.2.1　*S-N* 曲线与 Basquin 方程

材料或构件疲劳失效以前所经历的应力或应变循环次数称为疲劳寿命,一般用 N 表示。试样的疲劳寿命取决于试样材料的机械性质、加工方法和所施加的应力水平等因素。对同一组试样分别施加不同应力幅的循环载荷,就得到一组不同的疲劳寿命。以循环应力中的最大应力 σ 为纵坐标,破坏循环数 N 为横坐标,可以获得 *S-N* 曲线。在控制应变的条件下,获得应变-寿命曲线,即 ε-N 曲线。由于"应力"和"应变"在英文中的字首都是"*S*",所以 σ-N 曲线和 ε-N 曲线统称为 *S-N* 曲线,如图 5-6、图 5-7 所示。

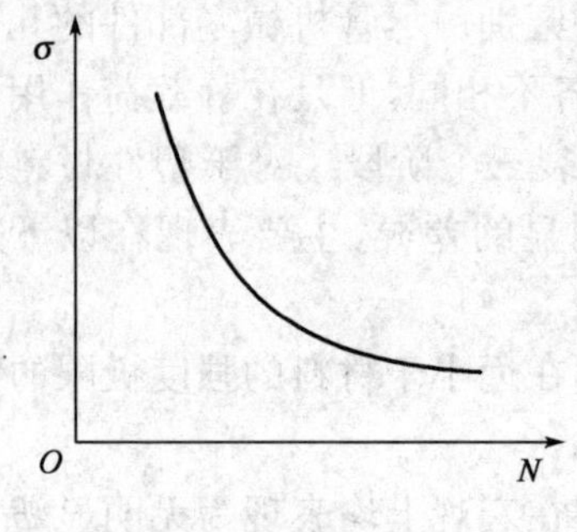

图 5-6　材料的 *S-N* 曲线

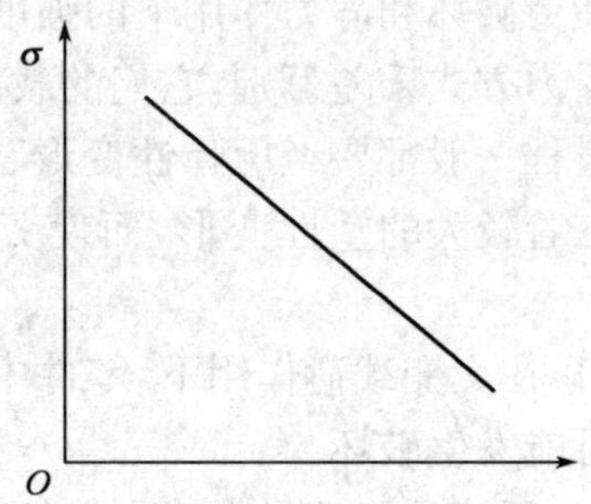

图 5-7　双对数坐标的 *S-N* 曲线

目前在疲劳性能测试中,因经验公式 Basquin 形式简单,并能很精确地拟合中等寿命区的各数据点,因此在疲劳性能试验数据分析中应用最为广泛。

$$\sigma_a^{m'} N = C \tag{5-16}$$

式(5-16)表示在给定应力比 $R=\dfrac{\sigma_{\min}}{\sigma_{\max}}$ 或平均应力 $\sigma_m=\dfrac{(\sigma_{\min}+\sigma_{\max})}{2}$ 的条件下,应力幅 σ_a 与寿命 N 之间的幂函数关系。式中 m'、C 为与材料、试样和加载有关的常数。

对式(5-16)两边取对数得

$$\lg N = \lg C - m' \lg \sigma_a \tag{5-17}$$

Basquin 公式相当于在双对数坐标系上的 $\lg\sigma_a$ 与 $\lg N$ 呈线性关系,如图 5-7

所示。

5.7.2.2　构件的疲劳累积损伤

Miner 线性疲劳累积损伤理论是在对疲劳损伤积累问题进行了大量试验研究的基础上，将 Palmgren 提出的线性累积损伤理论公式化形成的。其成功之处在于大量的试验结果显示临界疲劳损伤的均值确实接近于 1，且在多数情况下其寿命估算与试验结果有相当程度的吻合。Miner 理论基于以下假设：

(1)在试样受载过程中，每一循环都损耗试样一定的有效寿命分量。

(2)试样的疲劳损伤与其所吸收的功成正比，这个功与应力的作用循环次数和在该应力值下达到破坏的循环次数之比成正比。

(3)试样达到破坏时的总损伤量是一个常数。

(4)低于疲劳极限 σ_{-1} 以下的应力不再造成损伤。

(5)损伤与载荷的作用次序无关。

(6)各循环应力产生的所有损伤分量相加为 1 时，试样就发生破坏。

如图 5-8 所示，应力级损伤分量或耗损的疲劳寿命分量为

$$d_i = \frac{n_i}{(N_f)_i} \tag{5-18}$$

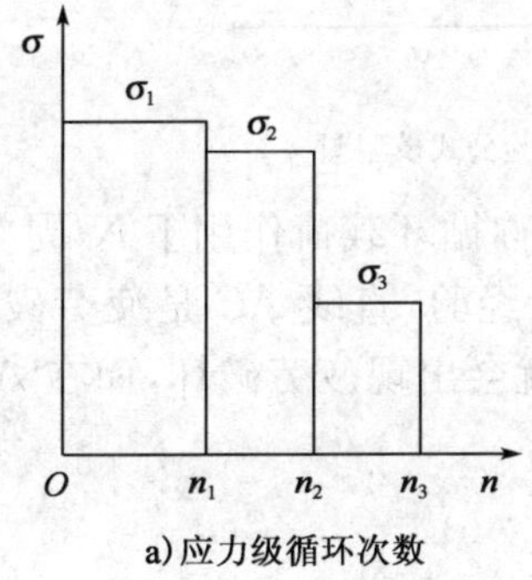

a)应力级循环次数

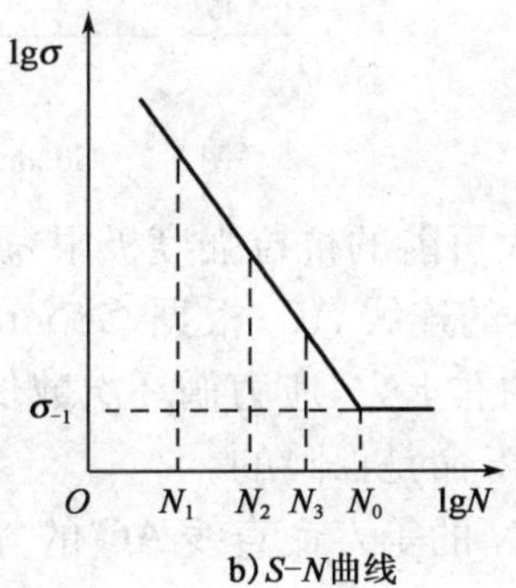

b)S-N曲线

图 5-8　Miner 疲劳累积损伤示意图

汽车在行驶过程中，承载系构件受到随时间变化的随机载荷作用而产生动态循环应力，在高应力区会引发疲劳损伤，由 Miner 线性损伤累积理论其总损伤量为

$$D = \sum_{i=1}^{K} \frac{n_i}{(N_f)_i} \tag{5-19}$$

当式(5-19)的疲劳累积损伤 $D = 1$ 时，结构即出现工程可见裂纹，最终导致疲劳破坏。

5.7.2.3　非零平均应力的等效转换

应用 Miner 疲劳线性损伤累积理论估计构件的疲劳寿命是基于零均值应力的,通常得到的实际应力循环中平均应力并不为零,对于每一组应力幅值和应力均值其循环特性 $R=\frac{\sigma_{\min}}{\sigma_{\max}}$ 是变化的。研究表明,平均应力对累积损伤也有较大影响,必须按等损伤的原则将非零平均应力的应力循环等效转换为零平均值应力循环,如图 5-9 所示。

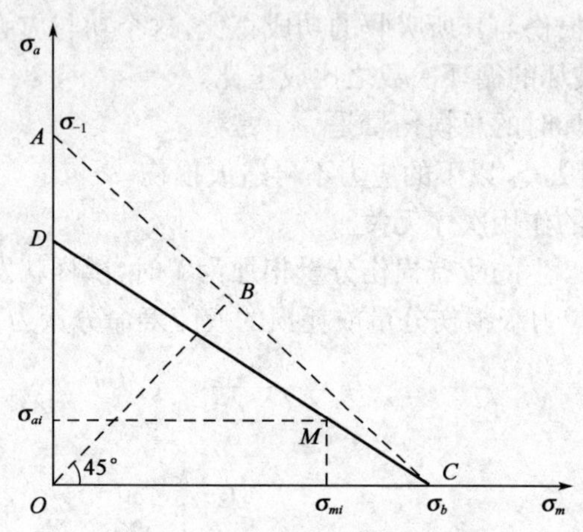

图 5-9　Goodman 疲劳经验公式模型图

连接最大可能的抗拉强度极限 σ_b 和在对称循环载荷作用下 N 周次破坏的临界应力幅 σ_{-1} 的连线 AC,根据 Goodman 疲劳经验,直线 AC 是疲劳破坏的临界。在直线 AC 的右上方,应力循环次数低于 N 就会出现疲劳破坏,而在 AC 左下方,至少 N 次的寿命是保险的。

寿命为 N 的等寿命直线 AC 的方程为

$$\sigma_a=\sigma_{-1}\left[1-\left(\frac{\sigma_m}{\sigma_b}\right)\right] \tag{5-20}$$

利用等寿命概念,对某一实际工作应力点 $M(\sigma_{mi}, \sigma_{ai})$ 进行零平均应力等效转换。设其疲劳寿命为 $N_i(N_i>N)$,连接 M、C 交 σ_a 轴于点 $D(0, \sigma_i)$,D 点即为点 M 的零平均应力等效点,直线 CD 就是寿命为 N_i 的等寿命线。

(1)当平均应力 $\sigma_{mi}\geqslant 0$ 时方程为

$$\sigma_{ai}=\sigma_i\left[1-\left(\frac{\sigma_{mi}}{\sigma_b}\right)\right] \tag{5-21}$$

变换式(5-21),得

$$\sigma_i = \frac{\sigma_b \sigma_{ai}}{\sigma_b - \sigma_{mi}} \tag{5-22}$$

(2)当平均应力 $\sigma_{mi} < 0$ 时方程为

$$\sigma_{ai} = \sigma_i \left[1 + \left(\frac{\sigma_{mi}}{\sigma_b} \right) \right] \tag{5-23}$$

变换式(5-23),得

$$\sigma_i = \frac{\sigma_b \sigma_{ai}}{\sigma_b + \sigma_{mi}} \tag{5-24}$$

由式(5-22)、式(5-24)可得

$$\sigma_i = \frac{\sigma_b \sigma_{ai}}{\sigma_b - |\sigma_{mi}|} \tag{5-25}$$

σ_{mi} 、σ_{ai} 可依据胡克定律计算,式(5-25)写为

$$\sigma_i = \frac{\sigma_b E \varepsilon_{ai}}{\sigma_b - |E \varepsilon_{mi}|} \tag{5-26}$$

将试验采集到的应变载荷数据经雨流计数处理得到的应变幅值与均值代入式(5-26),即可得到零平均应力的等效应力 σ_i 值。

5.7.2.4 应变-寿命曲线

结构的疲劳损伤是由材料的塑性形变引起的,通常结构在服役期间整体上处于弹性状态,但是在某些应力集中的部位(通常是疲劳危险部位)在高应力水平下进入塑性状态,此时的应力-应变为非线性关系,应力-应变历程的分析变得比较困难。另一方面局部应力、应变计算的正确与否直接关系着疲劳寿命的估算精度。疲劳寿命对于局部应变十分敏感,局部应变微小的变化会造成数倍疲劳寿命的差别,因此局部应力-应变历程的计算在局部应力-应变法中显得十分重要。

确定结构局部应力-应变历程主要有三种方法:①试验方法;②弹塑性有限元法;③近似计算方法。其典型的方法是近似计算(Neuber)法。试验方法虽然直观正确,但是费用高、周期长、限制条件多,一般不宜采用。有限元法要求模型建立时应十分精确,否则将造成较大的计算误差。

计算局部应力应变,本书应用的是修正后的 Neuber 公式,该方法提出的应力、应变的方程为

$$K_T = \sqrt{K_\sigma K_\varepsilon} \tag{5-27}$$

试验件处于弹性时,$K_\sigma = K_T$,$K_\varepsilon = \dfrac{\frac{\sigma}{E}}{\frac{S}{E}} = K_T$;在工程实际中通常结构整体

上处于弹件，即名义应力 S 和名义应变 e 之间为弹性关系，由胡克定律有

$$S = Ee \tag{5-28}$$

将式(5-28)代入式(5-27)，得

$$\sigma\varepsilon = \frac{K_T^2 S^2}{E} = C \tag{5-29}$$

将式(5-29)改写为

$$\sigma\varepsilon = \frac{K_f^2 S^2}{E} = C \tag{5-30}$$

Neuber 公式形式简洁、使用方便，但这一方程是从受纯剪棱柱体在特殊的材料应力、应变关系下得出的，将此推广到其他加载方式的应力、应变关系严格地说是不成立的。为使 Neuber 公式适用于一般情况和提高疲劳寿命预测的精度，应对公式进行修正，将 Neuber 公式中的理论应力集中系数 K_T用疲劳缺口系数 K_f 代替，由于 K_f 通常认为是一个静态参数，目前尚无精确计算 K_f 的办法，一般确定 K_f 的方法是通过大量缺口试件疲劳试验回归出拟合公式，由于影响 K_f的因素较多，其变化规律也难于确定，因此使得局部应力、应变的 Neuber 法是一个近似、经验的方法。本书利用的是 Neuber-Kuhn 修正表达式，即

$$K_f = 1 + \frac{K_T - 1}{1 + \sqrt{\frac{a}{\rho}}} \tag{5-31}$$

根据式(5-31)近似计算及经验，本书疲劳缺口系数 K_f取 3。

在循环加载过程中，修正的 Neuber 公式可写为

$$\Delta\sigma\Delta\varepsilon = \frac{K_f^2 \Delta S^2}{E} \tag{5-32}$$

由于 K_f 是一个联系光滑试验件疲劳强度和缺口试验件疲劳强度的量，可以看到将式(5-30)改写为式(5-32)的主要原因是希望疲劳寿命估算更加精确，而不是力图使局部应力、应变的计算更加精确。

在所有的 $\Delta\varepsilon$-N 曲线中，曼森-科芬(Manson-Coffin)公式使用最为广泛，计算承载系构件的疲劳寿命，本书应用的是曼森-科芬(Manson-Coffin)应变-寿命曲线方程式(5-32)。

$$\varepsilon_a = \varepsilon_{ea} + \varepsilon_{pa} = \frac{(\sigma'_f)}{E}(2N_f)^b + \varepsilon'_f(2N_f)^c = \Delta\varepsilon/2 \tag{5-33}$$

在曼森-科芬公式中，疲劳寿命 N_f 与弹性应变分量 ε_{ea} 、塑性应变分量 ε_{pa} 及总应变 ε_a 的关系如图 5-10 所示。

由式(5-32)和图 5-10 可以看出，弹性线和塑性线有一交叉点 N_T，在寿命 $N_f<$

N_T 时，塑性应变起主要作用；在寿命 $N_f > N_T$ 时，弹性应变起主要作用。材料在循环载荷作用下所得到的应力-应变迹线称为迟滞回线。已经有大量的试验数据表明，对于大多数的工程材料，稳定的迟滞回线与循环应力-应变曲线之间有着简单的近似关系，即迟滞回线与放大1倍的单轴循环应力-应变曲线形状相似。其迟滞回线的方程可以用下式表示：

$$\frac{\Delta\varepsilon}{2}=\frac{\Delta\sigma}{2E}+\left(\frac{\Delta\sigma}{2K'}\right)^{1/n'} \tag{5-34}$$

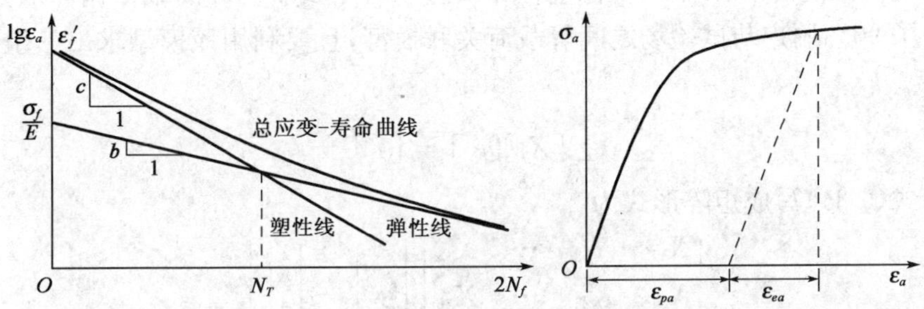

图5-10 应变-寿命的 Manson-Coffin 关系曲线

同循环应力-应变曲线一样，迟滞回线也是随循环数变化的。但由于大多数材料的循环稳定阶段占疲劳寿命的大部分，因此通常以循环稳定后的迟滞回线来代表材料的迟滞回线。根据局部应变-时间历程，疲劳寿命的计算流程如图5-11所示，再利用式(5-19)则可求出不同载荷等级下的90%用户目标里程和试验场的疲劳累积损伤。

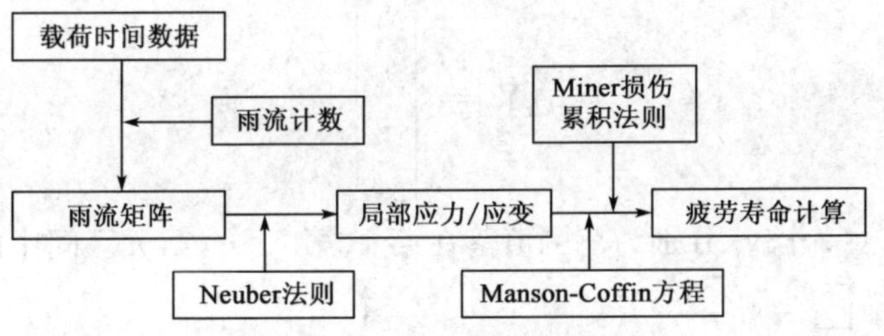

图5-11 结构局部应变疲劳寿命计算流程

5.8 用户用途关联模型构建

汽车试验场与用户关联试验技术的目的是为了在一个易于控制的环境中，在较短的时间内复现用户的用途，所以一般只需要测量一些基本的车辆输入信号。用这些输入信号作为关联的基础有两个明显好处：一是更换某个零部件一般并不影响这些输入信号，因为这些信号无须重新测量而仍然有效；二是如果设计新车型，可以在设计或模拟试验阶段先使用从一种已有的车型中测得的输入信号，因为具有类似特征的车型，在同种路面上的载荷输入形式相似。

5.8.1 试验场与用户关联数学模型

关联试验的目的是计算试验场各种试验路面的比例，使其混合成的载荷范围分布等于总的用户用途目标里程载荷范围分布。综合上述分析，考虑雨流矩阵不同载荷幅值区间的90%用户目标里程和试验场每个试验循环的载荷循环次数，本书建立了90%用户与试验场之间等载荷关联模型，且要利用该模型求出一组最优的 β_i 值。

$$\sum_{i=1}^{k}[X_i][\beta_i]=[Y] \tag{5-35}$$

将式(5-34)写成矩阵形式为

$$\begin{bmatrix} X_{11} & X_{12} & \cdots & X_{1k} \\ X_{21} & X_{22} & \cdots & X_{2k} \\ \vdots & \vdots & & \vdots \\ X_{n1} & X_{n2} & \cdots & X_{nk} \end{bmatrix}\begin{bmatrix} \beta_1 \\ \beta_2 \\ \vdots \\ \beta_k \end{bmatrix}=\begin{bmatrix} Y_1 \\ Y_2 \\ \vdots \\ Y_n \end{bmatrix} \tag{5-36}$$

关联试验一旦决定测量哪些数据，首先需要测量用户使用环境下所有的典型路面、事件的载荷输入，并用雨流计数将每一个通道的信号转化为循环载荷范围分布矩阵，然后根据用户用途目标，最后叠加成一个用户用途目标载荷范围及均值分布矩阵，如图5-12所示。用户用途目标矩阵数学表达式为

$$[Y]=\begin{bmatrix} y_1 \\ y_2 \\ \vdots \\ y_n \end{bmatrix} \tag{5-37}$$

式中，y_1、y_2、…、y_n 分别为范围值落在第1、第2、…，第 n 区间中的循环数，下

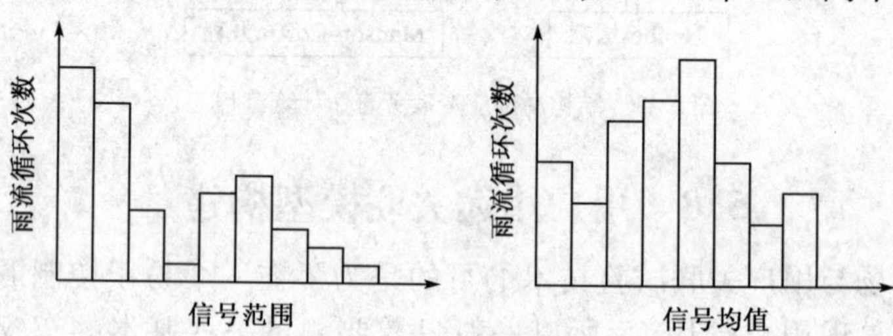

图5-12 用户用途目标矩阵

标 n 为载荷范围的总区间数。

对于每一种试验路面及典型事件，同样需要测量这些信号，并用雨流技术获取一个载荷范围分布矩阵，如图 5-13 所示。试验场路面的载荷矩阵数学表达式为

$$[X_i]=\begin{bmatrix} x_{i1} \\ x_{i2} \\ \vdots \\ x_{in} \end{bmatrix} \tag{5-38}$$

式中，x_{i1}、x_{i2}、…、x_{in} 分别为对应于第 i 种路面范围值落在第 1、第 2、…、第 n 区间中的循环数。若路面和事件的总数为 k，那么有 k 个这样的矩阵。

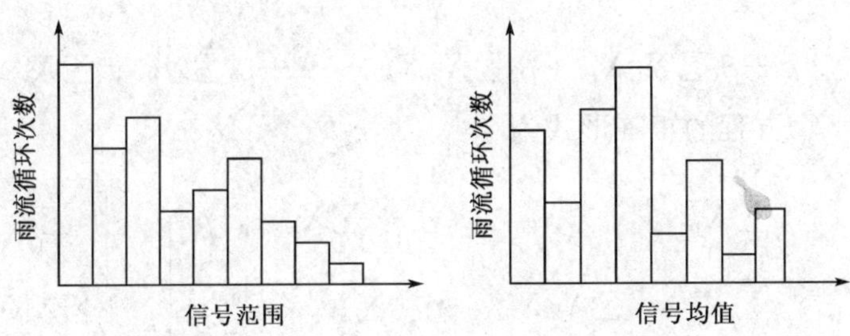

图 5-13 试验场路面的信号范围及均值矩阵

5.8.2 关联模型比例系数参数估计

用户用途与试验场关联模型的比例系数 β_i 可利用多元线性回归的数学方法来进行求解。90%用户的雨流矩阵循环次数 Y_j 与试验场强化路面循环次数 X_1、X_2、…、X_k 之间具有线性关系，因此本书构造的多元线性回归数学模型为

$$Y=\beta_0+\beta_1 X_1+\beta_2 X_2+\cdots+\beta_k X_k+\mu \tag{5-39}$$

式中 $\beta_j(j=0,1,2,\cdots,k)$ 为 $k+1$ 个未知参数，μ 为随机误差项。

对于 n 组用户和试验场雨流矩阵数据 $[Y_i, X_{1i}, X_{2i}, \cdots, X_{ki}(i=1,2,\cdots,n)]$，其回归方程组形式为

$$Y_i=\beta_0+\beta_1 X_{1i}+\beta_2 X_{2i}+\cdots+\beta_k X_{ki}+\mu_i \qquad (i=1,2,\cdots,n) \tag{5-40}$$

利用普通最小二乘法对多元线性回归模型参数进行估计，设 $\hat{\beta}_0$、$\hat{\beta}_1$、…、$\hat{\beta}_k$ 分别作为参数 β_0、β_1、…、β_k 的估计量，若计算得到的参数估计值为 $\hat{\beta}_0$、$\hat{\beta}_1$、$\hat{\beta}_2$、…、$\hat{\beta}_k$，用该参数估计值代替总体回归函数的未知参数 β_0、β_1、β_2、…、β_k，则得多元线性样本回归方程为

$$\hat{Y}_i=\hat{\beta}_0+\hat{\beta}_1 X_{1i}+\hat{\beta}_2 X_{2i}+\cdots+\hat{\beta}_k X_{kn} \tag{5-41}$$

由多元线性回归最小二乘法原理

$$Q(\hat{\beta}_0,\hat{\beta}_1,\hat{\beta}_2,\cdots,\hat{\beta}_k)=\sum_{i=1}^{n}(Y_i-\hat{\beta}_0-\hat{\beta}_1X_{1i}-\hat{\beta}_2X_{2i}-\cdots-\hat{\beta}_kX_{ki})^2 \quad (5\text{-}42)$$

使 Q 分别对 $\hat{\beta}_0$、$\hat{\beta}_1$、$\cdots$、$\hat{\beta}_k$ 求一阶偏导，并令其等于零，即

$$\frac{\partial Q}{\partial \hat{\beta}_j}=0 \quad (j=1,2,\cdots,k) \quad (5\text{-}43)$$

化简，得下列方程组

$$\begin{cases} n\hat{\beta}_0+\hat{\beta}_1\sum_{i=1}^{n}X_{1i}+\hat{\beta}_2\sum_{i=1}^{n}X_{2i}+\cdots+\hat{\beta}_k\sum_{i=1}^{n}X_{ki}=\sum_{i=1}^{n}Y_i \\ \hat{\beta}_0\sum_{i=1}^{n}X_{1i}+\hat{\beta}_1\sum_{i=1}^{n}X_{1i}^2+\hat{\beta}_2\sum_{i=1}^{n}X_{2i}X_{1i}+\cdots+\hat{\beta}_k\sum_{i=1}^{n}X_{ki}X_{1i}=\sum_{i=1}^{n}X_{1i}Y_i \\ \cdots \\ \hat{\beta}_0\sum_{i=1}^{n}X_{ki}+\hat{\beta}_1\sum_{i=1}^{n}X_{1i}X_{ki}+\hat{\beta}_2\sum_{i=1}^{n}X_{2i}X_{ki}+\cdots+\hat{\beta}_k\sum_{i=1}^{n}X_{ki}^2=\sum_{i=1}^{n}X_{ki}Y_i \end{cases} \quad (5\text{-}44)$$

上述 $k+1$ 个方程的矩阵形式为

$$\begin{bmatrix} n & \sum_{i=1}^{n}X_{1i} & \sum_{i=1}^{n}X_{2i} & \cdots & \sum_{i=1}^{n}X_{ki} \\ \sum_{i=1}^{n}X_{1i} & \sum_{i=1}^{n}X_{1i}^2 & \sum_{i=1}^{n}X_{2i}X_{1i} & \cdots & \sum_{i=1}^{n}X_{ki}X_{1i} \\ \vdots & \vdots & \vdots & \vdots & \vdots \\ \sum_{i=1}^{n}X_{ki} & \sum_{i=1}^{n}X_{1i}X_{ki} & \sum_{i=1}^{n}X_{2i}X_{ki} & \cdots & \sum_{i=1}^{n}X_{ki}^2 \end{bmatrix}\begin{bmatrix}\hat{\beta}_0\\ \hat{\beta}_1\\ \hat{\beta}_2\\ \vdots\\ \hat{\beta}_k\end{bmatrix}=\begin{bmatrix}\sum_{i=1}^{n}Y_i\\ \sum_{i=1}^{n}X_{1i}Y_i\\ \vdots\\ \sum_{i=1}^{n}X_{ki}Y_i\end{bmatrix} \quad (5\text{-}45)$$

引入下列矩阵

$$X=\begin{bmatrix}1 & X_{11} & X_{12} & \cdots & X_{1k}\\ 1 & X_{21} & X_{22} & \cdots & X_{2k}\\ \vdots & \vdots & \vdots & \vdots & \vdots\\ 1 & X_{n1} & X_{n2} & \cdots & X_{nk}\end{bmatrix},Y=\begin{bmatrix}Y_1\\ Y_2\\ \vdots\\ Y_n\end{bmatrix},\beta=\begin{bmatrix}\beta_0\\ \beta_1\\ \vdots\\ \beta_k\end{bmatrix}$$

由于

$$X^TX=\begin{bmatrix} n & \sum_{i=1}^{n}X_{1i} & \sum_{i=1}^{n}X_{2i} & \cdots & \sum_{i=1}^{n}X_{ki} \\ \sum_{i=1}^{n}X_{1i} & \sum_{i=1}^{n}X_{1i}^2 & \sum_{i=1}^{n}X_{2i}X_{1i} & \cdots & \sum_{i=1}^{n}X_{ki}X_{1i} \\ \vdots & \vdots & \vdots & \vdots & \vdots \\ \sum_{i=1}^{n}X_{ki} & \sum_{i=1}^{n}X_{1i}X_{ki} & \sum_{i=1}^{n}X_{2i}X_{ki} & \cdots & \sum_{i=1}^{n}X_{ki}^2 \end{bmatrix} \quad (5\text{-}46)$$

$$X^TY = \begin{bmatrix} \sum_{i=1}^{n} Y_i \\ \sum_{i=1}^{n} X_{1i} Y_i \\ \vdots \\ \sum_{i=1}^{n} X_{ki} Y_i \end{bmatrix} \tag{5-47}$$

得正规方程组为

$$X^TY = X^TX\hat{\beta} \tag{5-48}$$

解式(5-48),得

$$\hat{\beta} = \begin{bmatrix} \hat{\beta}_0 \\ \hat{\beta}_1 \\ \hat{\beta}_2 \\ \vdots \\ \hat{\beta}_k \end{bmatrix} = (X^TX)^{-1}X^TY \tag{5-49}$$

5.8.3 模型回归方程拟合优度检验

由于多元线性回归方程的总离差平方和可分解为

$$\sum_{i=1}^{n}(Y_i - \overline{Y})^2 = \sum_{i=1}^{n}(\hat{Y}_i - \overline{Y})^2 + \sum_{i=1}^{n}(Y_i - \hat{Y})^2 \tag{5-50}$$

将总离差平方和(TSS)分解为回归平方和(ESS)与残差平方和(RSS)两部分,即 $TSS = ESS + RSS$ 。

对于多元回归方程,其样本决定系数 R^2 为

$$R^2 = \frac{ESS}{TSS} \tag{5-51}$$

记 $e_i = Y_i - \hat{Y}_i = Y_i - (\hat{\beta}_0 + \hat{\beta}_1 X_{1i} + \hat{\beta}_{2i} + \cdots + \hat{\beta}_{ki} X_{ki})$

可知

$$TSS = \sum_{i=1}^{n}(Y_i - \overline{Y})^2 = \sum_{i=1}^{n} Y_i^2 - n\overline{Y}^2 \tag{5-52}$$

$$RSS = \sum_{i=1}^{n} e_i^2 = (Y - X\hat{\beta})^T(Y - X\hat{\beta}) = Y^TY - \hat{\beta}^TX^TY \tag{5-53}$$

而

$$ESS = TSS - RSS = \hat{\beta}^TX^TY - n\overline{Y}^2 \tag{5-54}$$

因此样本决定系数

$$R^2 = \frac{\hat{\beta}^TX^TY - n\overline{Y}^2}{Y^TY - n\overline{Y}^2} \tag{5-55}$$

R^2 作为检验回归方程与样本值拟合优度的指标，$R^2(0 \leqslant R^2 \leqslant 1)$ 的值越接近于 1，表示回归方程与样本值拟合程度越好；如果 R^2 的值接近于 0，说明回归方程与样本值拟合程度较差。

5.8.4 回归系数显著性检验

由于标准估计量估计值 $\hat{\beta}_i$ 的标准差为

$$S(\hat{\beta}_i) = \sqrt{C_{ii} S_e^2} \tag{5-56}$$

式中：$S_e^2 = \dfrac{\sum\limits_{i=1}^{n} e_i^2}{n-k-1} = \dfrac{e^T e}{n-k-1}$；

C_{ii} ——矩阵 $(X^T X)^{-1}$ 主对角线上的元素，$i = 0,1,2,\cdots,k$ 。

对回归系数 $\hat{\beta}_i$ 是否为零进行显著性 t 检验，步骤如下：

(1)提出原假设 $H_0 : \beta_i = 0$；备择假设 $H_1 : \beta_i \neq 0$ 。

(2)构造统计量：$t = \dfrac{\hat{\beta}_i - \beta_i}{S(\hat{\beta}_i)}$，当 $\beta_i = 0$ 成立时，构造的统计量为 $t = \dfrac{\hat{\beta}_i}{S(\hat{\beta}_i)} \sim t(n-k-1)$ 。

(3)选定显著性水平 $\alpha = 0.05$，此时样本容量(载荷幅值的总区间数) $n = 32$，试验场路面总数 $k = 5$。查自由度为 $n-k-1 = 26$ 的 t 分布表，得临界值 $t_{\frac{\alpha}{2}}(n-k-1) = 2.0555$ 。

(4)在承载系构件用户关联模型中，对于试验场每种强化路均有 $|t| \geqslant t_{\frac{\alpha}{2}}(n-k-1)$，所以要拒绝 $H_0 : \beta_i = 0$，接受 $H_1 : \beta_i \neq 0$，即认为 β_i 显著不为零。

计算关联模型比例系数 β_i 时，将所有矩阵预先正交化，即混合叠加应当在同一区间里进行，否则将会得出错误的结果。根据所求得的比例系数 β_i 就可以制定汽车试验场可靠性试验规范。

5.9 用户关联试验技术实施方案

(1)调查车辆用户使用情况，建立用户用途目标。

(2)按照用户用途目标，测量车辆在使用环境下的载荷输入信号，应用雨流计数获得一个总的循环载荷范围及均值分布图。

(3)测量车辆在试验场各种试验路面上的载荷输入信号，用雨流计数获得每个试验路面的载荷范围和均值分布图。

(4)计算用户和试验场的疲劳损伤，按一定比例叠加各种试验路面的载荷范围分布，使其符合用户使用目标循环载荷范围分布，用数学方法计算各种路面的比例。

(5)按照求得的路面比例,制定试验规范。

图 5-14 是关联试验技术的示意图。显然这种试验技术是以用户的使用情况为出发点的,与传统试验方法相比它的先进性是明显的。

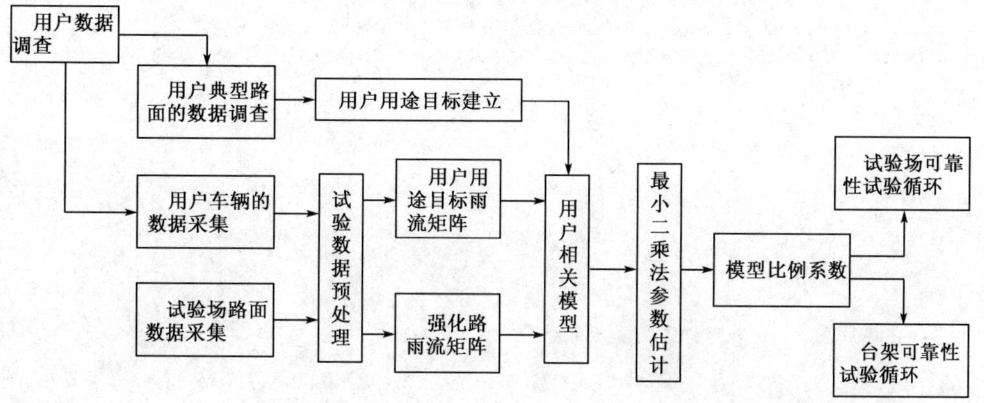

图 5-14 用户关联可靠性试验方法研究流程

第6章 可靠性试验方案及数据处理

为保证用户关联的试验规范能真实地反映用户的使用工况，并能预报所有的潜在故障，测试仪器通道设置要包括承载结构的主要零部件：前后桥、驾驶室、车架、发动机悬置及平衡梁，测试参数要平衡选择且平均分布在汽车的各个基本方向，试验用的传感器或应变仪应布置在结构和零部件的临界或危险位置上，这个位置要通过模型应力、有限元分析以及经验确定。

6.1 电阻应变片布置原则

1.改善应力不规则分布的应力集中原则

在机械零件或构件的设计过程中，通常认为应力在零件或构件上是规则分布的，如果零件或构件的截面形状不发生变化，不必考虑应力分布不规则的问题。对于测力传感器来说，它是通过电阻应变片测量弹性体上贴片部位的应变来测量被测力的大小。若要保证贴片部位的应力与被测力保持严格的对应关系，实际上就是保证在测力传感器受力时，弹性体上贴片部位的应力要按照某一规律分布。在实际应用中，对于弹性体贴片部位应力分布影响较大的因素主要是弹性体受力条件的变化。由于弹性体受力条件的变化引起的测力误差的实质是弹性体贴片部位圆周上的应力的不规则分布，如果能使弹性体贴片部位圆周上的应力分布受到一定条件的约束，迫使贴片部位的应力按照某一规律分布，因而使得弹性体贴片部位的应力与被测力基本保持严格的对应关系，由此来减小因弹性体受力条件的变化引起的测力误差。

2.提高应力水平的应力集中原则

若要测力传感器达到较高的灵敏度，通常应该使电阻应变片有较高的应变水平，即在弹性体上贴片部位应该有较高的应力水平。实现弹性体上贴片部位达到较高应力水平有两种常用的方法：

(1)整体减小弹性体的尺寸，全面提高弹性体上的应力水平。

(2)在贴片部位附近对弹性体进行局部削弱，使贴片部位局部应力水平提高，而弹性体其他部位的应力水平基本不变。

6.2 试验测量点选择与传感器布置

试验测量点位置应该选择在结构动应力最敏感的点位，特别要注意有应力集中的位置，具体讲应遵循：

(1)根据结构受力情况确定测点：对于受力简单的结构通过计算就可了解结构的受力状态；对于受力复杂的结构，应利用静应变的多点测量，定量地了解其应力状态。

(2)根据试验目的确定测点：对于现有机械作故障监测和分析时，应根据故障的部位布置测量点。

(3)应尽量以最少的测量点达到最佳的测量效果，在布置测量点与传感器时应充分考虑结构的对称性和载荷的对称性，利用对称性可以在结构对称的一边布置传感器而省去另一边的测量点。

6.2.1 前桥与后桥

根据试验经验，汽车的前桥、后桥上的裂纹经常出现在以下几个部位：钢板弹簧与车桥接触处的两侧，车桥的两个端部以及车桥的最顶端。车桥在载荷作用下主要发生弯曲变形和扭转变形，前后桥应变测量点及前后桥与车架位移传感器的分布如图 6-1～图 6-4 所示。

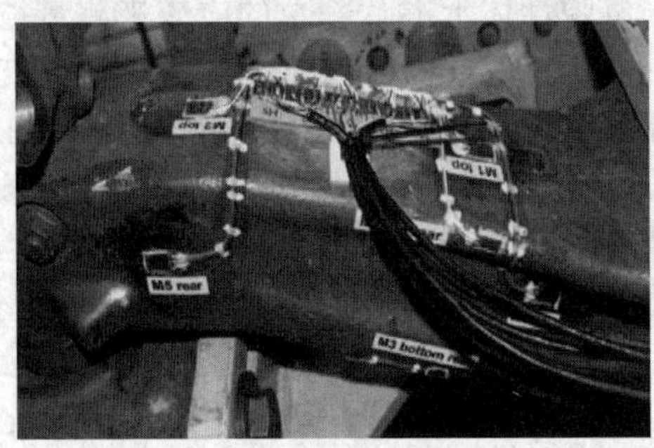

图 6-1　前桥应变测量点分布图

图 6-2　后桥应变测量点分布图

图 6-3　后桥与车架相对位移传感器布置图

图 6-4　前桥与车架相对位移传感器布置图

6.2.2 驾驶室与车架

驾驶室与车架主要发生扭转和弯曲变形，可通过有限元分析应力分布。建立的有限元分析模型可从CAD软件的三维几何模型上快速地直接生成，该模型包含原有CAD几何体上的载荷、边界条件、材料及单元特性，然后对模型划分网格进行有限元分析。图6-5、图6-6、图6-9、图6-10中箭头所指位置即为驾驶室和车架有限元分析的最大扭转应力和最大弯曲应力点。图6-7、图6-8、图6-11、图6-12为驾驶室前后悬置应变测量点与前后桥上方车架加速度传感器分布位置。

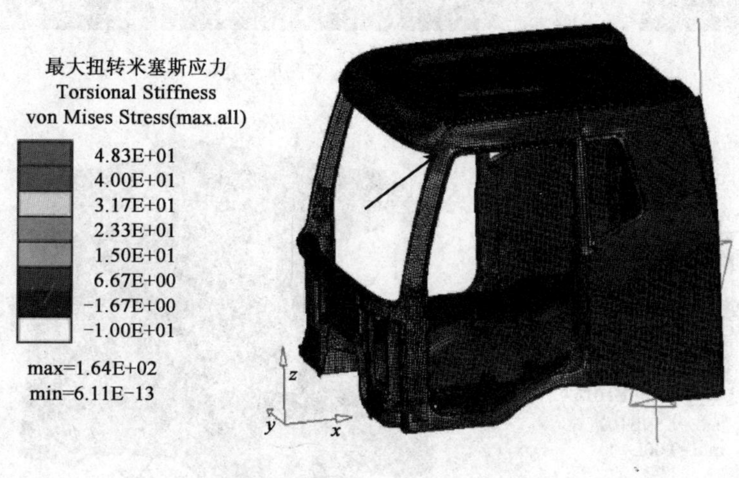

图6-5 驾驶室最大扭转应力位置

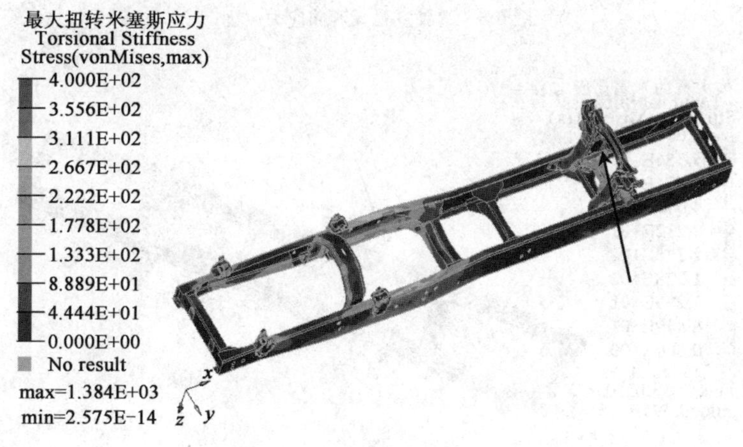

图6-6 车架上最大扭转应力位置

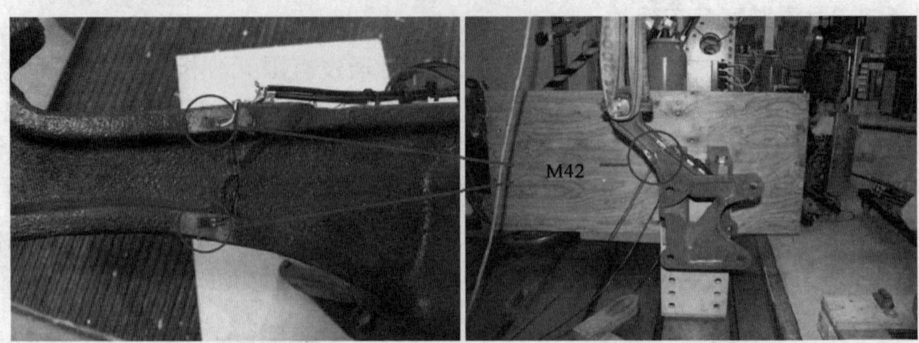

图 6-7　驾驶室前悬置应变测量点分布

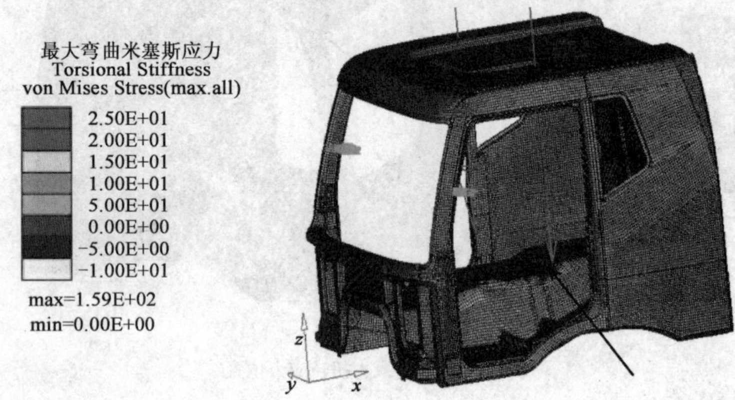

图 6-8　驾驶室最大弯曲应力位置

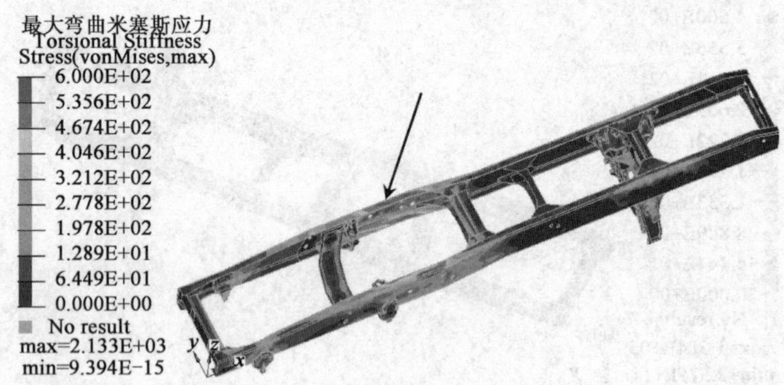

图 6-9　车架上最大弯曲应力位置

6.2.3 发动机悬置

发动机悬置直接支撑着发动机和变速器，它的可靠性和减振性能对于汽车来说至关重要，所以需要测量该处的三个方向力的大小，这样就要对发动机悬置重新设计试制，既要让它起到发动机悬置支架的作用，又要担当传感器的作用。对于发动机悬置传感器，在满足刚度和强度要求外，尽量在上面加工一些规则的孔洞，来达到应力集中的原则，使其输出信号更加明显。发动机悬置电阻应变片式测力传感器弹性体的结构形状与相关尺寸对测力传感器性能的影响很大，弹性体的设计基本属于机械结构设计范围，但因测力性能的需要，其结构上与普通的机械零件和构件有所不同。图 6-10、图 6-11 为试制加工的发动机悬置和已装车的发动机悬置测力传感器。

图 6-10 试制加工的发动机悬置

图 6-11 安装后的发动机悬置测力传感器

6.2.4 平衡梁

本书试验车型采用的是四气囊空气悬架，其中平衡梁是空气悬架中重要的承载零件，它的中间部位通过骑马螺栓与驱动桥壳固连在一起，梁的两端分别各连接一个空气弹簧。平衡梁发生疲劳破坏将导致空气悬架无法承载，因此要对其进行疲劳分析。由于其结构及受力的复杂性，可利用计算机仿真机技术来确定其薄弱位置。通过 ADAMS 软件 Durability 模块提供的接口，可以将仿真计算中所记录的零部件应力、应变的时间历程输出为 nCode 格式文件，再进行疲劳寿命分析。基于有限元分析的疲劳计算是零部件疲劳全寿命分析，从零件的疲劳寿命计算结果中很容易知道哪些部位是寿命薄弱位置。

首先将平衡梁的 CAD 三维几何模型输入到有限元软件 Patran 中，进行几何清理后，采用二阶四面体单元 C3D10 划分单元网格。并根据平衡梁与其他零件的连接关系，使用 rb2 建立刚体与节点之间的超单元。在定义平衡梁的材料属性后，修改 Patran 定义的求解内容，其中要求进行正则模态计算，并在结果文件中包含单元应力、单元应变和节点应力。最后提交给 NASTRAN 软件计算，得到 ADAMS 软件所需的 mnf 文件。在已建立的空气悬架多刚体模板的基础上，导入平衡梁的 mnf 柔性体文件替换原有的刚性零件。为建立柔性体与其他零件的之间的铰链约束，先在柔性体超单元的主节点处建立接口物体。这些接口物体属于过渡物体，其质量、惯量参数很小，不影响系统的求解，通过接口物体，将平衡梁的柔性体与其他零件进行连接。

计算完成后，通过 ADAMS/Durability 将平衡梁柔性体的应力、应变时域信号按 nCode 软件要求的格式输出，得到记录零件信息的 FES 文件和记录应力、应变信息的 DAC 文件，利用这些文件可进行疲劳分析。任何一个疲劳分析总是从结构或零部件的响应开始，在时域中这个响应通常是一个应力或应变随时间的变化关系。将平衡梁的 FES 文件和仿真得到的载荷谱 DAC 文件输入 nCode 软件，经过计算得到 UNI 云图文件。将 UNI 文件读入 ADAMS 软件。

6.2.5 转向横拉杆

汽车转向系应保障转向轮能够产生符合要求的转角，同时转向杆系和悬架系统在车辆运行时的不同工况下能够协调运动，以保证车辆的行驶稳定性。汽车在直线行驶中，转向轮会受到偶然出现的地面侧向反力而发生意外偏转，因而使汽车意外转向。转向横拉杆作为转向系中转向传动构件，其强度及可靠性直接关系到汽车行驶安全性和操纵稳定性，转向横拉杆应变片布置如图 6-12 所示。

图 6-12 转向横拉杆应变测量点分布图

6.3 试验条件

6.3.1 试验车辆

本书试验用重型载货汽车装备了自主开发的大功率发动机，最大功率为460马力(1马力=735.499W)，排量为12.5L，排放符合欧Ⅲ标准，具有欧Ⅳ潜力。驾驶室采用全浮式悬置系统，提高了驾驶员的舒适性；前桥采用的少片板簧悬架系统，后桥采用电子控制的空气悬架系统，与传统的底盘技术相比无疑是一次飞跃，能有效地提高燃油经济性及运输货物的平稳性。在安全性方面，采用电子控制的ABS制动系统、盘式制动器，使整车行驶更安全。承载系构件的各传感器已安装完成，试验前进行了3000km的磨合行驶，整车运行状况良好，从用户装载调查结果看，车辆在实际使用中经常在超载状态下工作，因此试验载荷一般取额定载荷的110%～115%。

6.3.2 试验路面

本次试验路面分用户典型路面和试验场强化路面两种，根据用户调查结果，用户试验数据采集一般选在全国有代表性的路段进行，以获得用户车辆的实际使用工况数据。

汽车试验场是重现汽车使用中遇到的各种各样道路条件和使用条件的试验场所，试验道路是实际存在的各种道路经过集中、浓缩、不失真的强化并典型化的道路，为汽车试验提供了稳定的路面试验条件，使汽车的试验场试验比在试验室或一般行驶条件下的试验更严格、更科学、更迅速、更实际。试验场中通常有以下典型试验路面：

A级高速环路：是试验场的主体工程，用于汽车长时间连续高速行驶试验，常用于汽车的高速性能试验和变速性能试验。

B级综合性能路：又称水平直线性能路，一般为电话听筒形，直线部分为试验段，用于动力性、经济性、制动性试验。

C级回转特性试验广场：是直径100m左右的圆形广场，用于测量评价汽车的转向特性，高速时需要的面积更大。

D级多附着系数制动试验路面：由具有不同附着系数的试验路面组成，用于汽车制动性能的试验。

E级石块路：又称比利时路面，是汽车行业一直认同的汽车可靠性行驶试验路面，是用于考核轮胎、悬架系统、车身、车架以及结构部件的强度和可靠性比较理想的试验道路。

F级大卵石路:将直径为310～180mm的卵石稀疏、不规则地埋入水泥混凝土中,高出地表40～120mm,除了对车辆产生垂向冲击,还对车轮、转向系统和悬架系统造成纵向和横向冲击,是对大中型载货汽车、自卸车进行可靠性试验的道路。

G级扭曲路:它由左右两排互相交错分布的凸块组成,凸块形状通常为梯形、正弦形或环锥形。交错的凸块使汽车产生强烈扭曲,以检验车架车身结构强度和各系统之间连接强度与干涉。

H级波状试验道路,又称搓板路,分为以下两种:①用于非簧载质量试验,波长为700～1000mm、振幅为10～25mm,形状类似搓板;②用于簧载质量试验,波长为2000～15000mm、振幅为50～150mm,又称长波路。

6.3.3 试验仪器

道路载荷谱采集是疲劳耐久性设计的基础,根据调查用户的使用环境和用途,试验所用的仪器为nCode公司的SoMat-eDAQ数据采集仪和数据读取显示器。SoMat-eDAQ由基础层、各种不同功能的扩展层以及智能型调理模块组成,系统可直接接入工程中常用的各类传感器,用来测量如应变、加速度、温度、车轮六分力、载荷、压力、位移、数字脉冲、数据总线及GPS等信号。SoMat-eDAQ系统的测试通道数可灵活配置,单套系统的模拟通道数最高可达96个,数字信号通道可多达100个。本次试验各通道采用低电平标定,数据采样频率为200Hz,稳定工况数据采集时间长度不应少于30min。

载荷-时间历程的试验数据,是指通过在用户使用典型路面和试验场强化路试验获得的承载系结构零部件载荷与时间之间关系的数据信号,它是在现场动态测试中通过数据采集设备对测试仪器检测到的动态模拟信号进行离散化、数字化、转换和变换后得到的一列具有等时间间隔特征的数字信号。本章将对用户与试验场的试验数据信号进行正确性识别、奇异点剔除、消除趋势项以及雨流循环计数处理,结合建立的试验场与用户之间的关联数学模型,利用等载荷谱法对模型中的比例系数β_i进行优化计算,并根据计算结果来制定可靠性行驶试验规范。

6.4 试验数据预处理

试验数据的预处理是指通过数据采集、模数转换和单位变换获得等时间间隔数字信号后,对其进行奇异点(野点)的剔除、消除趋势项及数据检验等工作。试验数据预处理是必须要进行的试验数据准备与校验工作,也是进行后续试验数据分析处理工作的前提。

6.4.1 奇异点剔除

试验数据一般是在现场动态测试中通过数据采集设备对测试仪器检测到的动态模拟信号进行离散化、数字化、转换和变换后得到的一列具有等时间间隔特征的数字信号。理论上,在不失真条件下获得的试验数据与被测的动态模拟信号应是一致的,但在实际测试过程中,由于受到外界环境干扰或一些人为错误,获得的试验数据往往有凸变存在。试验数据的凸变,就形成了试验数据的奇异点。试验数据的奇异点对后续数据处理有着极大的影响,会造成对测试结果的不准确判断。因此,对试验数据出现的奇异点必须予以剔除。将某些采集的数据 X_i 与其相邻的数据点进行比较,判别 X_i 数值为合理点(非奇异点)的条件是其数值必须满足下面的关系式

$$|X_i-\overline{X}|\leqslant k\sigma \tag{6-1}$$

$$\overline{X}=\frac{1}{n}\sum_{i=1}^{n}X_i \tag{6-2}$$

$$\sigma=\sqrt{\frac{1}{n-1}\sum_{i=1}^{n}(X_i-\overline{X})^2} \tag{6-3}$$

式中 k 为常数,通常取 3~5,根据被测量对象的精度而定,本书取 $k=3$。奇异点剔除之后,该点的值可用前两点外推值替代,即

$$\hat{X}_i=X_{i-1}+(X_{i-1}-X_{i-2}) \tag{6-4}$$

6.4.2 消除趋势项

数据测量系统的零点漂移及其他原因,会给整个数据组附加一个随时间缓变的趋势误差,这种信号周期大于样本记录长度的缓变信号会使随机信号的相关分析产生较大的畸变,通常均应消除。

设$\{X_i\}i=1,2,\cdots,n$ 为间隔 $\Delta t=h$ 的试验数据,假定用 $K\leqslant3$ 阶多项式来拟合这些数据,即

$$\hat{X}_i=\sum_{k=0}^{K}b_k(ih)^k(i=1,2,\cdots,n) \tag{6-5}$$

设

$$Q(b)=\sum_{i=1}^{n}(X_i-\hat{X}_i)^2=\sum_{i=1}^{n}\left[X_i-\sum_{k=0}^{K}b_k(ih)^k\right]^2 \tag{6-6}$$

要使式(6-6)中 $Q(b)$ 取最小值,则有

$$\frac{\partial Q}{\partial b}=\sum_{i=1}^{n}2\left[X_i-\sum_{k=0}^{K}b_k(ih)^k\right]\left[-(ih)^l\right]=0 \qquad (l=0,1,2\cdots,K) \tag{6-7}$$

整理式(6-7)

$$\sum_{k=0}^{K} b_k \sum_{i=1}^{n} (ih)^{k+l} = \sum_{i=1}^{n} X_i (ih)^l \qquad (l = 0,1,2\cdots,K) \tag{6-8}$$

式(6-8)为含有 $K+1$ 个系数 b_k 的线性方程组，可以解出 $\{b_k\}$，$k=0,1,2\cdots,K$。由 $\{b_k\}$ 可以求出 $\hat{X}_i$，消趋势项就是求新的时间序列 $\{x_i\}$，$i=1,2,\cdots,n$。

$$x_i = X_i - \hat{X}_i \tag{6-9}$$

(1)当 $K=0$ 时，$l=0$，由式(6-8)可得

$$b_0 \sum_{i=1}^{n} (ih)^0 = \sum_{i=1}^{n} X_i (ih)^0 \tag{6-10}$$

解式(6-10)，得

$$\hat{X}_i = b_0 = \frac{1}{n} \sum_{i=1}^{n} X_i \tag{6-11}$$

(2)当 $K=1$ 时，由式(6-8)可得

$$b_0 \sum_{i=1}^{n} (ih)^l + b_1 \sum_{i=1}^{n} (ih)^{1+l} = \sum_{i=1}^{n} X_i (ih)^l \qquad (l = 0,1) \tag{6-12}$$

展开式(6-12)，有

$$\begin{cases} nb_0 + \sum_{i=1}^{n} (ih) b_1 = \sum_{i=1}^{n} X_i \\ \sum_{i=1}^{n} (ih) b_0 + \sum_{i=1}^{n} (ih)^2 b_1 = \sum_{i=1}^{n} X_i (ih) \end{cases} \tag{6-13}$$

解式(6-13)，可求出系数 b_0、b_1，所以 $K=1$ 表示的是线性趋势项，即

$$\hat{X}_i = b_0 + b_1 i \Delta t \tag{6-14}$$

(3)当 $K=2$ 时，由式(6-8)可得

$$b_0 \sum_{i=1}^{n} (ih)^l + b_1 \sum_{i=1}^{n} (ih)^{1+l} + b_2 \sum_{i=1}^{n} (ih)^{2+l} = \sum_{i=1}^{n} X_i (ih)^l \qquad (l = 0,1,2) \tag{6-15}$$

展开式(6-15)，有

$$\begin{cases} nb_0 + \sum_{i=1}^{n} (ih) b_1 + \sum_{i=1}^{n} (ih)^2 b_2 = \sum_{i=1}^{n} X_i \\ \sum_{i=1}^{n} (ih) b_0 + \sum_{i=1}^{n} (ih)^2 b_1 + \sum_{i=1}^{n} (ih)^3 b_2 = \sum_{i=1}^{n} X_i (ih) \\ \sum_{i=1}^{n} (ih)^2 b_0 + \sum_{i=1}^{n} (ih)^3 b_1 + \sum_{i=1}^{n} (ih)^4 b_2 = \sum_{i=1}^{n} X_i (ih)^2 \end{cases} \tag{6-16}$$

解式(6-16)，可求出系数 b_0、b_1、b_2，所以 $K=2$ 表示的是二次趋势项，即

$$\hat{X}_i = b_0 + b_1 i \Delta t + b_2 (i \Delta t)^2 \tag{6-17}$$

(4)当 $K=3$ 时，由式(6-8)可得

$$b_0 \sum_{i=1}^{n} (ih)^l + b_1 \sum_{i=1}^{n} (ih)^{1+l} + b_2 \sum_{i=1}^{n} (ih)^{2+l} + b_3 \sum_{i=1}^{n} (ih)^{3+l} = \sum_{i=1}^{n} X_i (ih)^l \qquad (l = 0,1,2,3) \tag{6-18}$$

展开式(6-18),有

$$
\begin{cases}
nb_0 + \sum_{i=1}^{n}(ih)b_1 + \sum_{i=1}^{n}(ih)^2 b_2 + \sum_{i=1}^{n}(ih)^3 b_3 = \sum_{i=1}^{n} X_i \\
\sum_{i=1}^{n}(ih)b_0 + \sum_{i=1}^{n}(ih)^2 b_1 + \sum_{i=1}^{n}(ih)^3 b_2 + \sum_{i=1}^{n}(ih)^4 b_3 = \sum_{i=1}^{n} X_i(ih) \\
\sum_{i=1}^{n}(ih)^2 b_0 + \sum_{i=1}^{n}(ih)^3 b_1 + \sum_{i=1}^{n}(ih)^4 b_2 + \sum_{i=1}^{n}(ih)^5 b_3 = \sum_{i=1}^{n} X_i(ih)^2 \\
\sum_{i=1}^{n}(ih)^3 b_0 + \sum_{i=1}^{n}(ih)^4 b_1 + \sum_{i=1}^{n}(ih)^5 b_2 + \sum_{i=1}^{n}(ih)^6 b_3 = \sum_{i=1}^{n} X_i(ih)^3
\end{cases}
\tag{6-19}
$$

解式(6-19),可求出系数 b_0、b_1、b_2、b_3,所以 $K=3$ 表示的是三次趋势项,即

$$
\hat{X}_i = b_0 + b_1 i\Delta t + b_2(i\Delta t)^2 + b_3(i\Delta t)^3 \tag{6-20}
$$

试验数据的奇异点和趋势项对后续的数据处理有着极大的影响,会造成对测试结果的不准确判断。因此对试验数据出现的奇异点和趋势项须予以剔除与消除。根据以上剔除奇异点以及消除数据趋势项的处理计算方法,本书编制处理程序对试验数据进行了预处理。

6.5 载荷-时间历程的雨流计数

6.5.1 雨流计数法原理

疲劳寿命的估算在很大程度上取决于载荷谱,而载荷谱的编制又与所采用的计数法有关。目前已有的计数法中,雨流计数法是目前国内外应用最为广泛的方法。该法认为塑性的存在是疲劳损伤的必要条件,并且其塑性性质表现为应力-应变滞后回线。因为虽然名义应力处于弹性范围内,但从局部的、微观的角度看来,塑性变形仍然存在。载荷谱是具有统计特性的图形,它能本质地反映零部件所承受载荷的变化情况。对于汽车所受到的随机载荷,统计分析的计数法是从载荷-时间历程确定出不同载荷参量值及其出现次数的方法。使构件产生疲劳损伤的主要因素是应力幅值和应力循环的次数,将实测的随机载荷时间历程简化为一系列的全循环或半循环的过程叫做"计数法"。雨流计数方法的突出特点是根据所研究材料的应力-应变之间的非线性关系来进行计数,亦即把样本记录用雨流法定出一系列闭合的应力-应变滞后环。

6.5.2 雨流计数循环数提取及无效幅值去除

雨流计数法的要点是载荷时间历程的每一部分都参与计数,且只计数一次,一个大的幅值所引起的损伤不受截断它的小循环的影响,截出的小循环叠加到较大的循环和半循环上去。因此,可以根据疲劳累积损伤理论将等幅试验得到的 S-N

曲线和雨流法的处理结果输入计算机进行构件的疲劳寿命计算。一个实测的随机载荷时间历程往往由很多因素形成,除了受主要的工作载荷外,还常受到一些次要的载荷作用,这些载荷表现为二级波、三级波乃至一些高阶小量循环,对这些不能构成疲劳损伤的小量循环,一般称为无效幅值。而无效幅值的取舍基准,一般取随机载荷历程的极差(最大应力幅减去最小应力幅)的5%~10%。无效幅值舍弃流程如图6-13、图6-14所示。

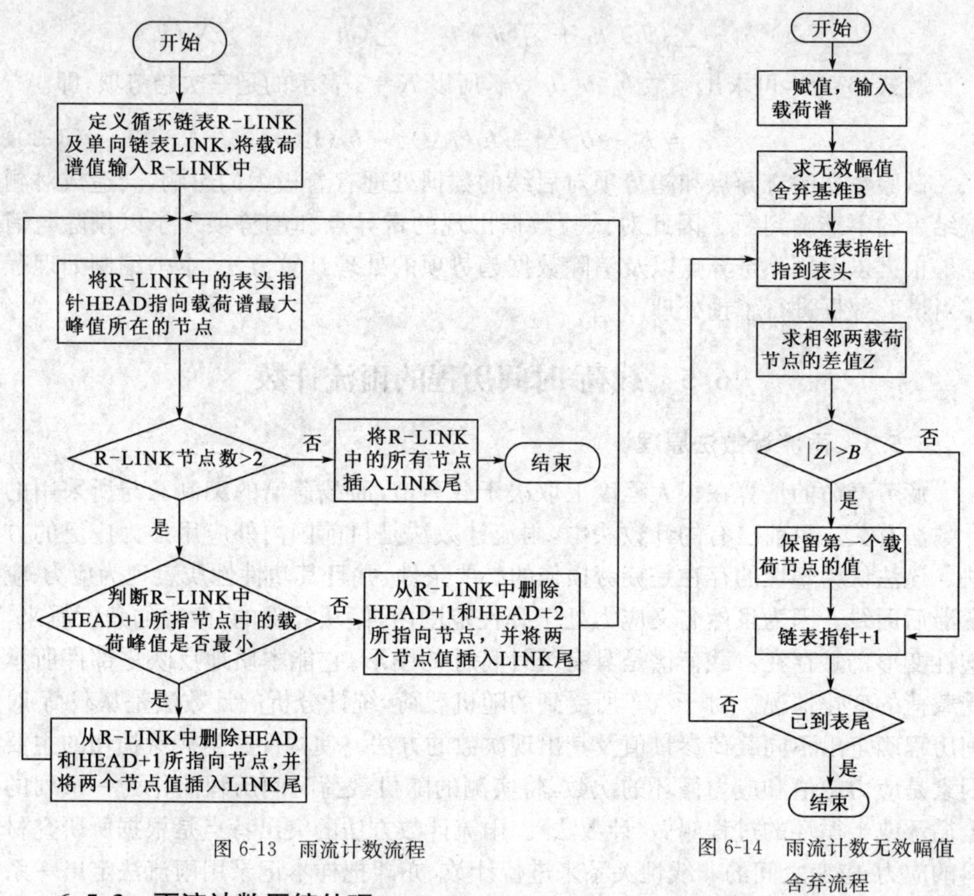

图6-13 雨流计数流程

图6-14 雨流计数无效幅值舍弃流程

6.5.3 雨流计数压缩处理

通常情况下,雨流计数分一次计数、对接和二次计数三个步骤来完成,对于不同的波形要根据实际情况来定。一次雨流计数是从压缩处理过的数据中提取循环,并记录其特性值,如峰值、谷值、幅值等。一次雨流计数剩下的点构成的波形是一标准的发散-收敛型,这时按雨流计数法则无法再形成整循环,只能将其在最大

(或最小)点处截开再进行首尾对接,对接时首尾点不一定能够正好封闭,我们就按不同的波形来完成。一种对于高均值偏态波,可根据研究对象的特征给数组加上首尾值;另一种对于标准发散-收敛波形首尾的四个峰谷值,取其中的最大值和最小值,剩下两点去除,这样产生的误差与实际值相差很小。在程序中实现时,只需在此处加一选择,是加一零点还是取最值,接下来就是重新整理数组了。二次雨流计数是将完成对接的波形继续提取循环直到剩下三个点(即是数组中最值构成的整循环)为止。程序中实现也很简单,只需将对接完成的数组放入一次雨流计数中就可以了。

试验仪器采集到的原始数据往往数量巨大,一个典型路面或事件采集到的数据往往有 30~40 个通道,且试验路面和事件通常也有十几种,因此处理几千个甚至上万个 4000~5000MB 的信号数据文件很平常,这要求数据处理者有丰富的信号处理经验,并需要一个专门设计的软件帮助处理,将时域信号压缩成二维范围及均值矩阵,信号压缩过程如图 6-15 所示。

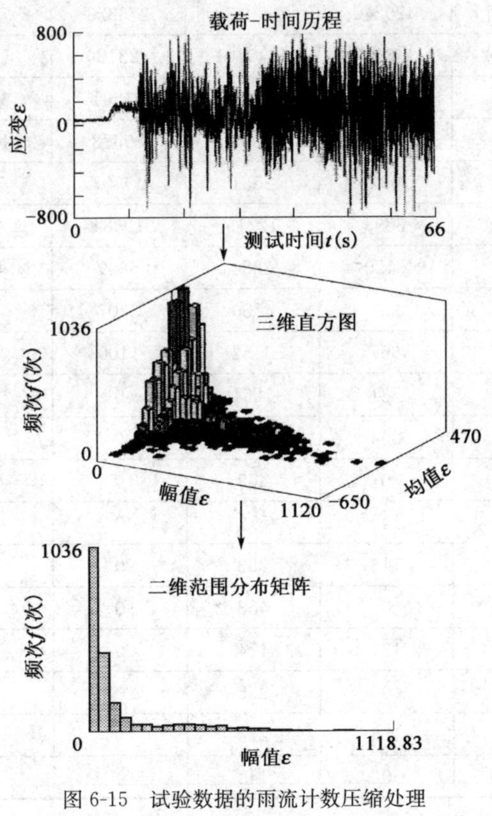

图 6-15 试验数据的雨流计数压缩处理

6.6 试验数据雨流计数处理

应用雨流计数得到的各应力循环的平均应力和应力幅都是分散的，没有一定的次序，不能显示出它们的相互关系及所遵循的规律，因此必须将这些数据加以分组、整理，平均应力和应力幅的分组间距可以参考无效幅值的舍弃基准进行处理。运用雨流计数把 90%用户和试验场载荷时间历程数据转化为各级幅值的载荷循环，处理结果见表 6-1～表 6-4。

前桥扭转应变载荷时间历程雨流处理结果 表 6-1

雨流幅值（με）	90%用户雨流频次	试验场雨流频次				
		失修路＋小圆凸起＋大圆凸起	1号强化路	2号强化路	3号强化路	砂石路
3.69	285	454	0	624	84	93
12.54	9224746	420240	7690432	275323	72743	766017
21.40	2200742	143547	1649101	123180	52722	232195
30.25	427274	40373	168797	91661	36231	90214
39.10	161795	18532	5008	89588	16743	31932
47.95	73161	10320	2551	43807	7952	13648
56.81	38498	3898	12719	12984	4256	4651
65.66	18096	3120	3884	6681	1931	2489
74.51	12570	933	4750	3207	896	2797
83.37	5377	667	3162	1100	447	0
92.22	2836	531	1261	0	112	932
101.07	1388	264	674	0	140	311
109.93	797	0	459	0	28	278
118.78	644	143	512	0	0	0
127.63	513	118	352	0	28	0
136.48	458	0	458	0	0	0
145.34	155	131	174	0	196	0
154.19	0	0	336	0	337	0
163.04	0	176	273	0	140	0
171.90	82	0	142	0	224	0

续上表

雨流幅值(με)	90%用户雨流频次	试验场雨流频次				
		失修路+小圆凸起+大圆凸起	1号强化路	2号强化路	3号强化路	砂石路
180.75	0	145	161	0	28	0
189.60	53	401	403	0	56	0
198.46	0	269	267	0	0	0
207.31	0	0	0	0	0	0
216.16	0	0	0	0	0	0
225.01	0	0	0	0	0	0
233.87	0	0	0	0	0	0
242.72	0	0	0	0	0	0
251.57	0	0	0	0	0	0
260.43	0	0	0	0	0	0
269.28	0	0	0	0	0	0
278.13	0	0	0	0	0	0

前桥弯曲应变载荷时间历程雨流处理结果 表6-2

雨流幅值(με)	90%用户雨流频次	试验场雨流频次				
		失修路+小圆凸起+大圆凸起	1号强化路	2号强化路	3号强化路	砂石路
4.20	107	480	0	300	56	71
13.12	8811521	302480	7042305	269888	60396	1136468
22.03	3157661	144588	2257468	234564	70072	451050
30.94	864946	56267	491353	159463	53709	104169
39.86	305823	24053	114502	104100	28449	347271
48.77	118233	12371	35350	45807	13860	10855
57.68	51652	5895	12801	20329	6748	5894
66.59	25232	4988	8907	5748	3165	2485
75.51	13786	2533	4553	1535	2100	3107

续上表

雨流幅值（με）	90%用户雨流频次	试验场雨流频次				
		失修路＋小圆凸起＋大圆凸起	1号强化路	2号强化路	3号强化路	砂石路
84.42	5720	938	2600	347	1267	622
93.33	4183	530	2736	105	814	0
102.25	2158	489	259	0	643	1244
111.16	891	267	162	0	251	317
120.07	667	400	212	0	56	0
128.99	428	124	183	0	112	0
137.90	642	267	347	0	28	0
146.81	551	512	10	0	28	0
155.72	464	141	89	0	0	0
164.64	385	0	28	0	28	0
173.55	352	0	0	0	0	0
182.46	286	0	26	0	0	0
191.38	218	0	8	0	0	0
200.29	175	114	0	0	0	0
209.20	102	125	0	0	0	0
218.12	80	0	0	0	0	0
227.03	72	0	0	0	0	0
235.94	124	103	0	0	0	0
244.85	11	0	0	0	0	0
253.77	0	404	0	0	0	0
262.68	0	267	0	0	0	0
271.59	0	0	0	0	0	0
280.52	0	0	0	0	0	0

后桥扭转应变载荷时间历程雨流处理结果 表 6-3

雨流幅值（με）	90%用户雨流频次	试验场雨流频次				
		失修路＋小圆凸起＋大圆凸起	1号强化路	2号强化路	3号强化路	砂石路
23.13	596	160	15	421	56	27
67.48	6604315	231440	5528179	143967	35476	665261
111.84	5013353	181417	4039794	132203	32815	627137
156.20	3393678	121973	2719157	110442	27328	414785
200.56	2163314	87974	1711205	85329	23996	254822
244.92	1217617	62088	879397	71860	27580	176702
289.27	672061	55120	314188	138887	30884	132990
333.63	403813	32933	169524	69265	16157	115947
377.99	220234	21441	87660	27241	9183	74719
422.35	135200	15973	45577	16466	7280	49916
466.71	80702	12965	21038	12165	5403	29143
511.06	50389	11048	12042	6712	3861	16742
555.42	33838	7360	5860	7124	3388	10230
599.78	13757	3921	6066	7149	2600	6278
644.14	13813	1367	1521	6574	2329	4646
688.50	8811	800	113	4517	1764	1875
732.85	4455	1067	2236	3829	1207	624
777.21	3008	400	1298	2758	896	311
821.57	895	396	981	1000	476	0
865.93	1518	0	498	612	427	0
910.29	1162	0	822	223	144	0
954.64	953	0	441	785	112	0
999.00	68	133	905	681	138	0
1043.36	111	113	978	894	56	0
1087.72	409	0	124	297	171	0
1132.08	631	267	108	185	56	0
1176.43	84	133	45	0	0	0

续上表

雨流幅值(με)	90%用户雨流频次	试验场雨流频次				
		失修路+小圆凸起+大圆凸起	1号强化路	2号强化路	3号强化路	砂石路
1220.79	9	129	124	0	0	0
1265.15	181	0	181	0	0	0
1309.51	0	0	0	0	0	0
1353.87	78	0	78	0	0	0
1398.22	0	0	0	0	0	0

后桥弯曲应变载荷时间历程雨流处理结果 表6-4

雨流幅值(με)	90%用户雨流频次	试验场雨流频次				
		失修路+小圆凸起+大圆凸起	1号强化路	2号强化路	3号强化路	砂石路
19.88	684	158	173	220	56	75
59.84	7417615	242324	6400965	136267	33880	604191
99.80	6212400	195042	5205932	123542	30689	657204
139.75	3838993	133307	3080338	117581	27884	479886
179.71	2022248	88240	1507060	104880	29428	292642
219.67	1080268	69333	667291	106288	36481	200886
259.62	577877	48640	220883	137583	26935	143843
299.58	336300	32507	141517	48087	12516	101682
339.54	194646	20821	75054	19726	8989	70060
379.50	110592	13120	34476	14769	6077	42164
419.45	66235	13147	9358	11720	5040	26977
459.41	36319	10000	7651	7413	4564	16125
499.37	20666	5760	5032	7924	3665	8370
539.32	12774	3227	2413	8396	3220	4349
579.28	8106	1866	1719	5781	1986	2177
619.24	5113	938	932	3569	1512	0
659.19	2699	533	1422	2102	868	626

续上表

雨流幅值(με)	90%用户雨流频次	试验场雨流频次				
		失修路+小圆凸起+大圆凸起	1号强化路	2号强化路	3号强化路	砂石路
699.15	1574	400	610	817	364	589
739.11	1192	0	384	529	308	0
779.07	752	0	182	411	225	310
819.02	157	0	983	989	140	0
858.98	299	116	746	782	134	0
898.94	651	104	194	589	112	0
938.89	107	0	149	195	56	0
978.85	0	95	287	89	56	0
1018.81	72	0	72	0	0	0
1058.76	0	267	267	0	0	0
1098.72	0	78	133	0	0	0
1138.68	0	0	0	0	0	0
1178.64	0	0	0	0	0	0
1218.59	0	0	0	0	0	0
1258.55	0	0	0	0	0	0

6.7 等载荷谱法数据优化

为能反映用户对车辆的实际使用工况，用户试验选在全国典型路面进行，同时在试验场强化路采集足够数据。根据 Monte-Carlo 仿真结果得到的 90%用户数据目标里程，结合用户关联性方程式，应用 INFIELD 软件及 MATLAB 语言编制关联性计算程序得到的 90%用户数据和试验场数据雨流矩阵载荷谱相同，说明 90%用户和试验场强化试验疲劳损伤相等，亦即车辆在用户使用和试验场强化试验疲劳寿命是相同的。此时获得的 90%用户和试验场的载荷谱对比曲线如图 6-16～图 6-25 所示。

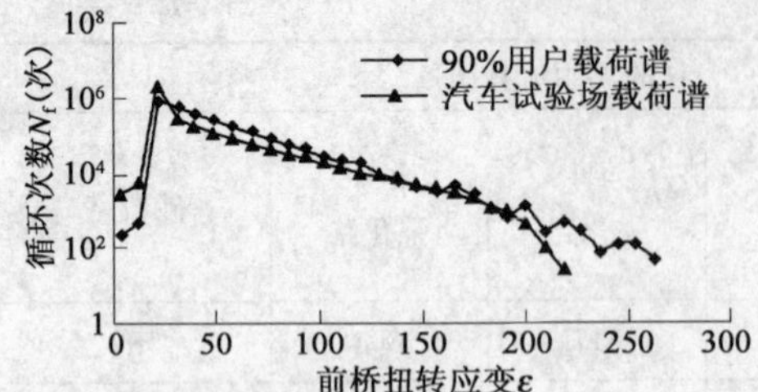

图 6-16　前桥扭转应变载荷谱对比

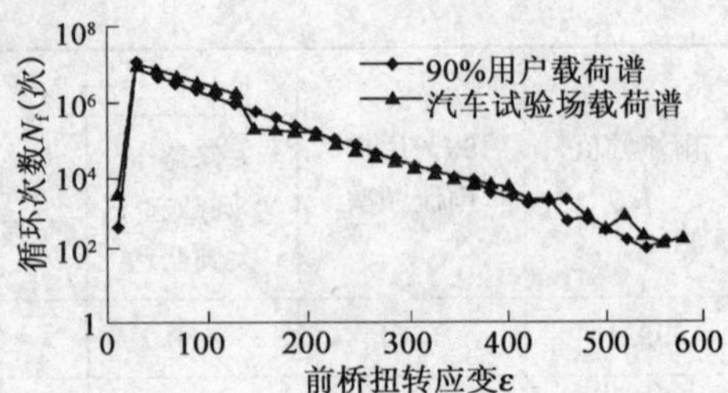

图 6-17　前桥弯曲应变载荷谱对比

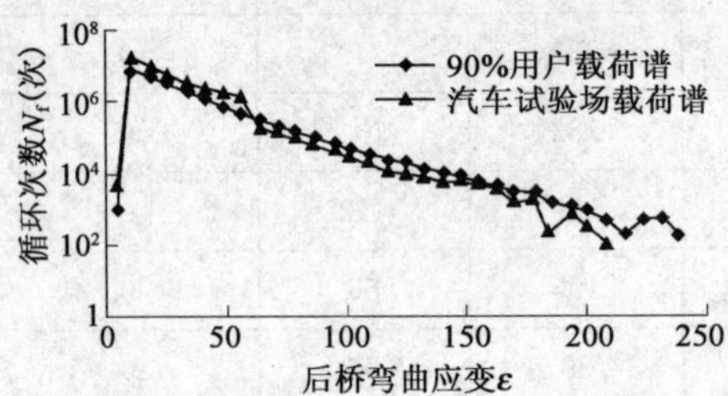

图 6-18　后桥扭转应变载荷谱对比

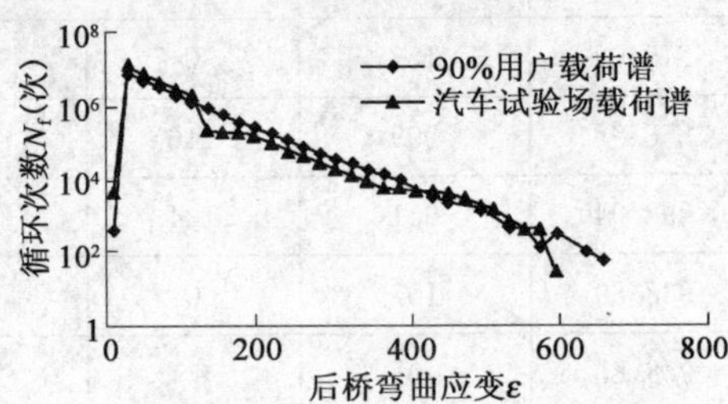

图 6-19　后桥弯曲应变载荷谱对比

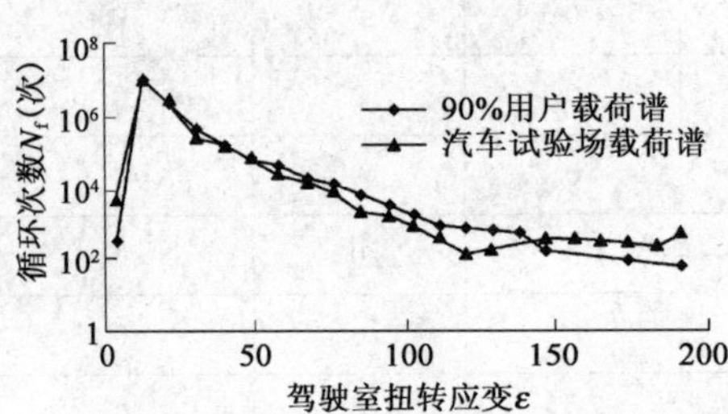

图 6-20　驾驶室扭转应变载荷谱对比

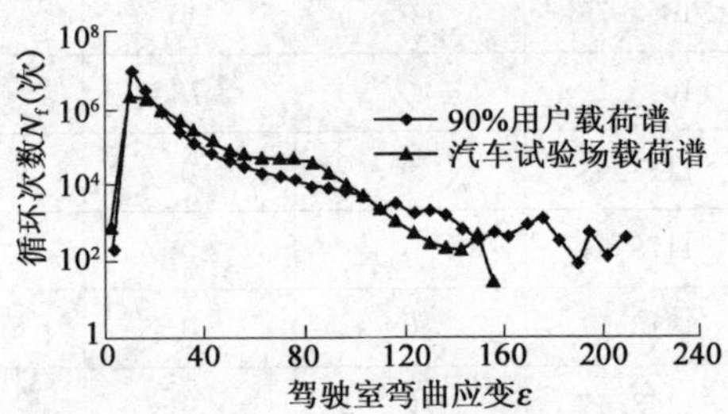

图 6-21　驾驶室弯曲应变载荷谱对比

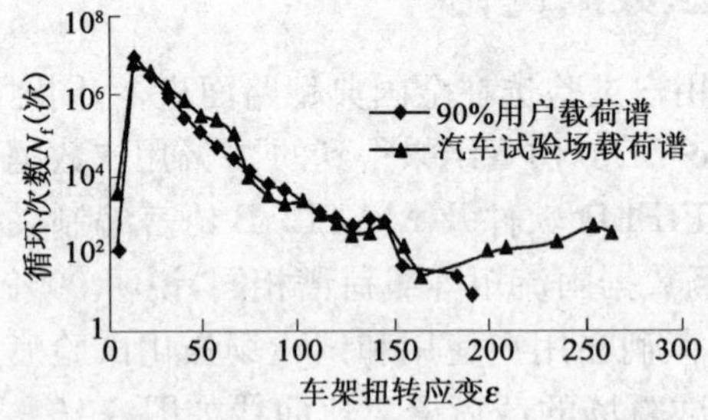

图 6-22　车架扭转应变载荷谱对比

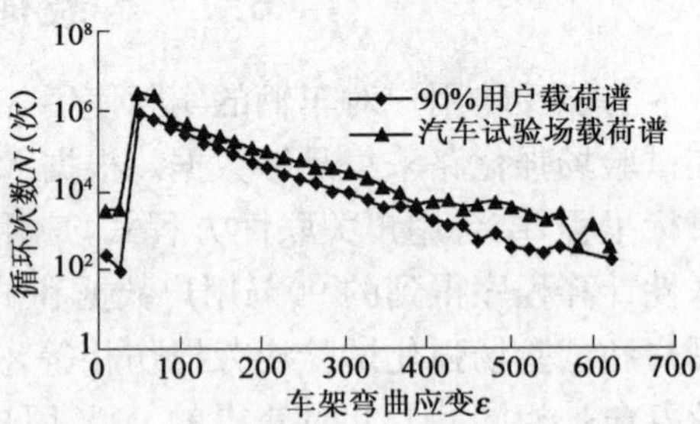

图 6-23　车架弯曲应变载荷谱对比

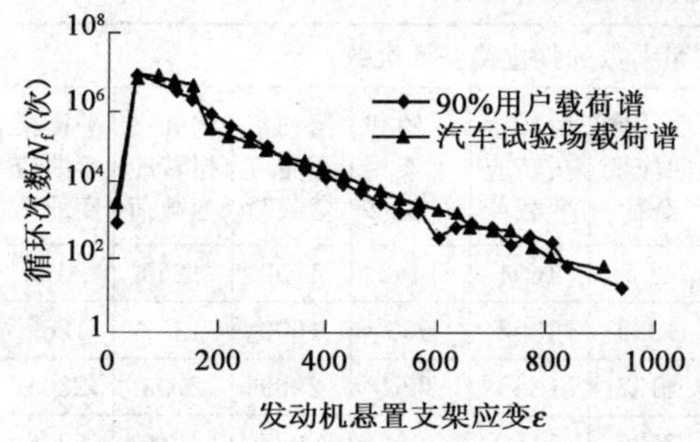

图 6-24 发动机悬置支架应变载荷谱对比

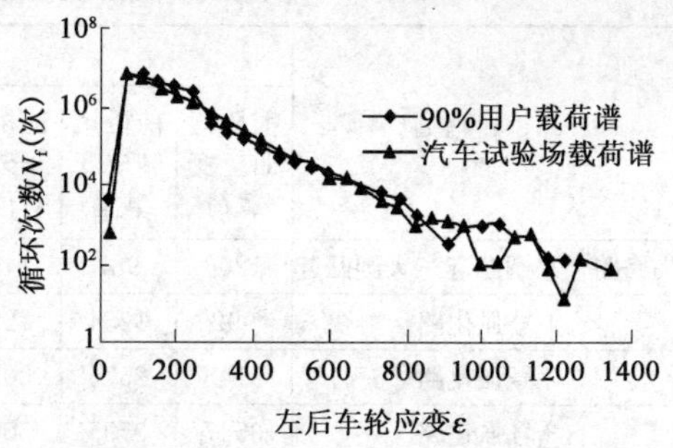

图 6-25 左后车轮应变载荷谱对比

6.8 试验场可靠性行驶试验规范制定

分析上面的处理结果，结合用户关联数学模型，应用关联性优化程序计算得到的 90%用户载荷谱和试验场载荷谱及疲劳寿命相等。表 6-5 是各测试参数的优化计算结果，表中强化路循环次数即 β_i 值。

汽车试验场可靠性试验是按其行驶规范进行的。因各汽车试验场建场的设计方案、试验设施及试验要求等条件的不同，同时为使在各试验场进行的汽车可靠性试验不仅满足国家标准的要求，且具有可比性，各试验场都必须制定一套适合本场条件的可靠性行驶试验规范。现行的载货汽车可靠性试验规范试验中所暴露出来的故障在用户可靠性试验中却很多都没有发生，并且由于对该汽车试验场路面相对于目标用户的强化情况没有做过研究，因此对强化试验结果也不能给出科学的评价指标，这种情况给产品开发带来很大的困扰，因此迫切需要制定出符合用户使用条件的汽车可靠性强化试验规范。汽车承载系主要总成部件的可靠性强化试验一直没有有效的试验规范，而目前的试验规范偏于简单，试验方法与用户的实际使用工况之间的相关性很小，不能说明在试验场检验合格的产品在用户那里能保证行驶多少里程，试验结果与用户实际情况之间差别很大。

考虑到现行的汽车可靠性试验评价方法，同时参考文献[1]，将汽车承载系的可靠性试验考核总里程定为 30000km。根据测试参数的不同强化路面的试验循环次数比例，可以对试验场可靠性试验总里程进行科学分配，见表 6-6(其中砂石路的试验里程为 8000km，试验车速为 60km/h)，根据表中给出的技术参数可以正确选择合适的强化路面比例以及车速进行试验。

测试参数的试验场强化路试验循环次数 表 6-5

强化路类型	测量参数的强化路循环次数								
	前桥弯曲应变载荷	前桥扭转应变载荷	前桥和车架相对位移	后桥弯曲应变载荷	后次桥扭转应变载荷	后桥和车架相对位移	驾驶室弯曲应变载荷	驾驶室扭转应变载荷	平衡梁弯曲应变载荷
失修路＋小圆凸起＋大圆凸起	1208	987	1495	2285	1604	1465	1792	1269	2077
1 号强化路	992	1254	1285	1999	1393	966	1600	1358	1269
2 号强化路	2143	2576	3036	4157	2865	2051	2969	2793	2804
3 号强化路	3547	3795	5094	7539	5456	4992	6087	4240	6836
砂石路	2778	3192	3679	5382	3761	2772	3410	3968	3420
样本决定系数 R^2	0.988	0.957	0.974	0.962	0.970	0.959	0.968	0.992	0.973

强化路类型	测量参数的强化路循环次数								
	驾驶室前悬置应变载荷	驾驶室后悬置应变载荷	车架弯曲应变载荷	车架扭转应变载荷	前桥上方车架垂向加速度	后桥上方车架垂向加速度	发动机前悬置垂向力	发动机后悬置垂向力	转向横拉杆拉力
失修路＋小圆凸起＋大圆凸起	973	1462	1834	2057	1458	1370	1658	990	1135
1 号强化路	1031	1204	2065	1782	1562	1489	1378	918	1276
2 号强化路	2295	2464	4093	3895	3128	3070	3035	2155	2818
3 号强化路	3982	5785	5358	6638	4971	3707	5971	3540	3691
砂石路	2863	3352	4962	4710	4318	4129	3620	2578	3645
样本决定系数 R^2	0.975	0.982	0.949	0.977	0.983	0.926	0.971	0.957	0.985

试验场可靠性试验规范里程分配 表 6-6

1 号强化路			2 号强化路			3 号强化路		
路面类型	试验车速（km/h）	试验总里程（km）	路面类型	试验车速（km/h）	试验总里程（km）	路面类型	试验车速（km/h）	试验总里程（km）
失修路	65		失修路	65		失修路	65	
小圆凸起	25	1000	小圆凸起	25	1000	小圆凸起	25	1000
大圆凸起	20		大圆凸起	20		大圆凸起	20	
卵石路			卵石路	45		卵石路	25	
搓板路			搓板路	40		搓板路	40	
比利时路	70	3000	比利时路	25	6000	比利时路	25	10000
鱼鳞坑路			鱼鳞坑路	45		鱼鳞坑路	40	
扭曲路			扭曲路	10		扭曲路	10	

第7章　承载系试验方法仿真与验证

为了验证汽车承载系试验场用户关联可靠性试验方法的有效性，在 Visual C＋＋语言环境下构建了试验场可靠性试验寿命里程仿真计算平台，进行用户典型路面工况和试验场强化路的仿真计算分析。本章根据建立的强化路加速系数及试验场可靠性试验寿命里程计算数学模型，应用 Visual C＋＋语言编写了汽车承载系试验场可靠性试验寿命里程仿真计算软件，针对承载系重点考核构件的仿真计算结果进行试验场和用户实车试验验证。

7.1　承载系重点考核构件

7.1.1　驾驶室悬置系统

本书试验车型驾驶室采用的是螺旋弹簧为弹性组件的悬浮式悬置，螺旋弹簧可以设计成较低的刚度，从而能提高驾乘舒适性。驾驶室悬置由前后四点悬置构成，如图7-1所示。

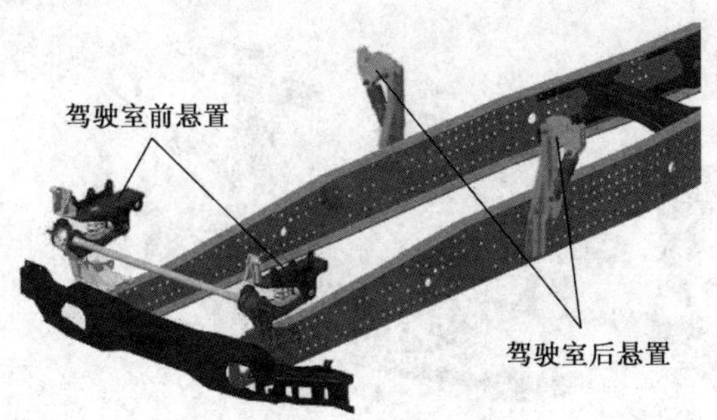

图7-1　悬浮式驾驶室前后悬置总成

7.1.2　悬架系统

国内汽车生产厂家多年来一直采用多片等截面钢板弹簧作为载货汽车悬架的弹性组件，它存在自重大、消耗材料多的缺点，已不适应现代汽车轻量化和低成本的要求。本试验车辆的前悬架装备有新研制的变截面少片钢板弹簧，变截面少片钢板弹簧由于相邻两板之间留有间隙，因而不必过多考虑板间的摩擦问题。前悬架结构如图7-2所示。

图 7-2　少片钢板弹簧的前悬架结构图

后悬架为装备有四个空气弹簧的空气悬架，随着气囊中的气压变化，空气弹簧会有不同的刚度，因而具有变刚度特性。其固有振动频率要比钢板弹簧低得多，并且不随汽车承载质量的变化而改变。安装有空气悬架的汽车车轮动载荷小，汽车可以获得良好的行驶平顺性、操纵稳定性和行驶安全性。后悬架的结构如图 7-3 所示。

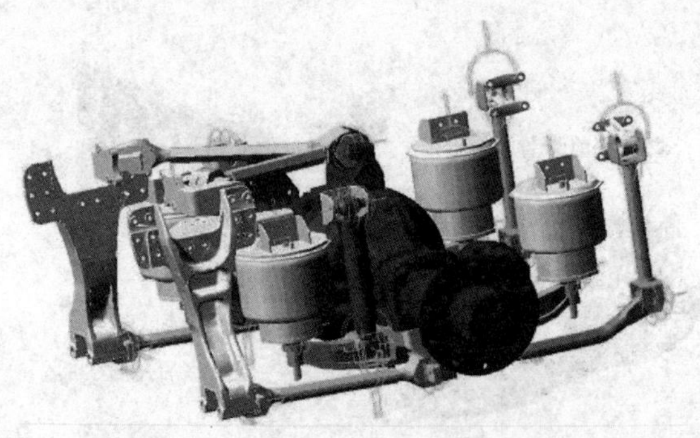

图 7-3　装有空气弹簧及平衡梁的后悬架结构图

由于前后悬架采用了这种全新结构，使车辆承载系的前后桥以及平衡梁成为试验场可靠性试验的重要考核构件。

7.2　应变-载荷标定

利用试验专用夹具对构件固定后进行加载标定，由于构件在标定载荷范围内属于弹性变形，因此载荷(kN)和应变(με)的关系为线性。将载荷与应变分别作为

直角坐标系的 x、y 轴，由标定各数据点可得拟合直线方程，标定结果如图 7-4～图 7-7 所示。

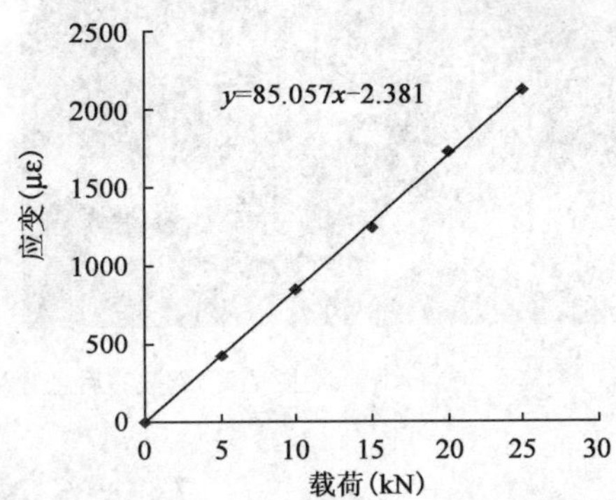

图 7-4　前桥载荷标定试验与标定直线

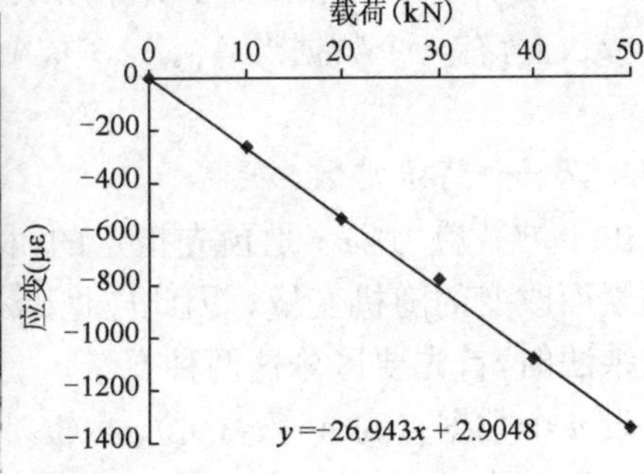

图 7-5　后桥载荷标定试验与标定直线

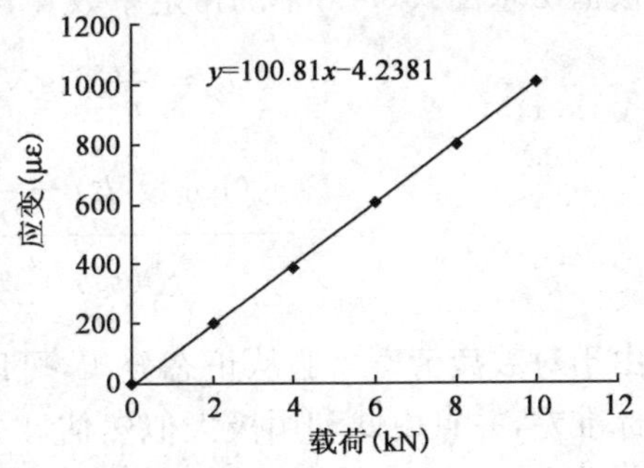

图 7-6　驾驶室前悬置载荷标定试验与标定直线

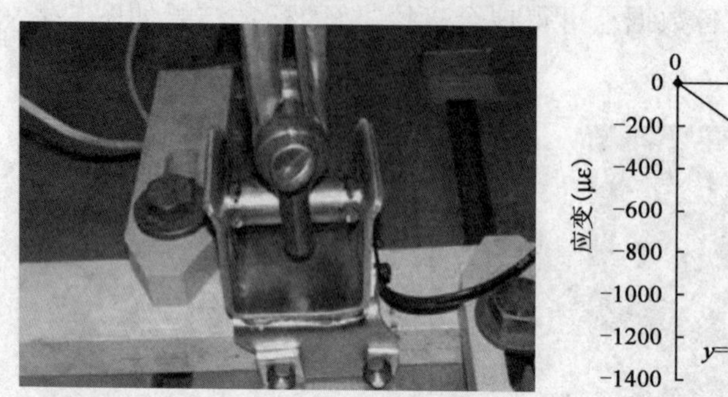
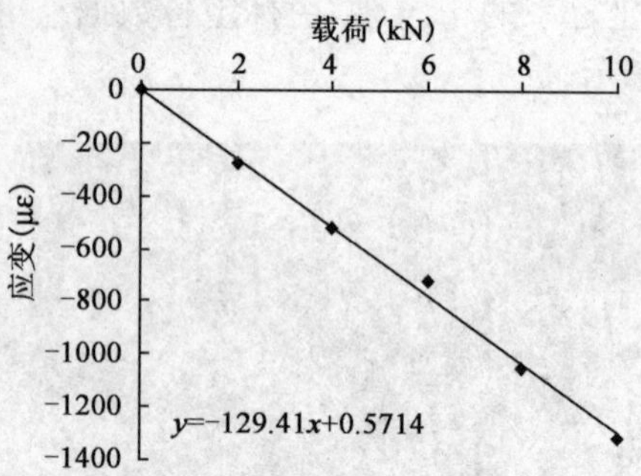

图 7-7 驾驶室后悬置载荷标定试验与标定直线

7.3 *S-N* 曲线拟合

为获得 *S-N* 曲线，进行数据处理时需要对离散的数据点进行拟合，由于各数据点并不位于一条直线上，可以应用最小二乘法进行直线拟合。在双对数坐标 $\lg\sigma-\lg N$ 上，有 n 个数据点 $A_1, A_2, \cdots, A_n$。设拟合的直线方程为

$$\lg N = a + b\lg\sigma \tag{7-1}$$

式中：a，b——待定常数。

由于加载应力幅 σ 是预先指定的，材料的疲劳寿命 N 是实测的结果，是随偶然因素而改变的随机变量。因此应把 $\lg\sigma$ 作为自变量，$\lg N$ 作为因变量，在应用最小二乘法时，首先要区分这两种变量。

设 n 个数据点为 $A_1(x_1, y_1), A_2(x_2, y_2), \cdots, A_n(x_n, y_n)$，并将 $y=\lg\sigma$ 作为自变量，$X=\lg N$ 作为最小二乘法拟合因变量。按照最小二乘法原理，拟合各数据点的最佳直线是使各数据点与该直线之间的水平距离的平方和为最小，根据这一准则，利用极值法求出式(7-1)中的待定系数 a、b 值分别为

$$a = \frac{1}{n}\sum_{i=1}^{n}\lg N_i - \frac{b}{n}\sum_{i=1}^{n}\lg\sigma_i \tag{7-2}$$

$$b = \frac{\sum_{i=1}^{n}(\lg\sigma_i \lg N_i) - \frac{1}{n}(\sum_{i=1}^{n}\lg\sigma_i)(\sum_{i=1}^{n}\lg N_i)}{\sum_{i=1}^{n}(\lg\sigma_i)^2 - \frac{1}{n}(\sum_{i=1}^{n}\lg\sigma_i)^2} \tag{7-3}$$

由于对数疲劳寿命服从正态分布，可以由各组试验结果得到子样寿命的平均值和标准差，并且由此利用极大似然估计方法得到母体的平均值和标准差。对于正态分布有下面关系式

$$\lg N_P = \mu_p + u_P\sigma_p \tag{7-4}$$

当指定某一概率 P 时（S-N 曲线 $P=50\%$），查数理统计表即可确定标准正态偏量 u_P 值，从而能求得各应力级对应的对数疲劳寿命 $\lg N_P$。

因 S-N 曲线是中值疲劳寿命和应力之间的关系，可以通过标定直线方程（图 7-4～图 7-7）及胡克定律将试验载荷转换为应力。利用 Miner 损伤累积理论估计构件的疲劳寿命也是基于零均值的，所以应将疲劳性能测试的载荷进行零均值转换，转换方法同样可应用式（5-20）实现。当应力幅 σ_a 和应力均值 σ_m 确定时，就可以求出对应的等效零均值应力 σ_i。通过式（5-20）计算出对应的等效零均值应力 σ_i，联合式（7-2）、式（7-3）求出常数 a、b 后，即可根据式（7-1）将各应力下的对数寿命进行直线拟合，求得疲劳性能 S-N 曲线，计算结果见表 7-1。

承载系重点构件的 S-N 曲线 表 7-1

承载系重点构件	S-N 曲线方程	承载系重点构件	S-N 曲线方程
前桥	$\lg N=-5.316\lg\sigma+14.975$	驾驶室前悬置	$\lg N=-6.227\lg\sigma+16.250$
后桥	$\lg N=-3.823\lg\sigma+16.527$	驾驶室后悬置	$\lg N=-7.852\lg\sigma+11.266$
平衡梁	$\lg N=-3.195\lg\sigma+20.443$		

7.4 强化路加速系数模型

7.4.1 加速系数研究方法

试验场道路加速系数反映强化试验相对于用户实际使用条件下的强弱程度。加速系数是强化试验与实际使用结果相比较而得出的，它是指车辆在规定的条件下，当达到相同的可靠性状态或达到相同的疲劳破坏程度时，车辆在用户实际使用工况的行驶里程与在强化路面上的行驶里程之比。为有效利用各种强化试验手段及加速汽车产品开发的进程，研究强化试验与用户实际使用条件下构件的加速系数，具有重要意义。加速系数具体研究流程如图 7-8 所示。

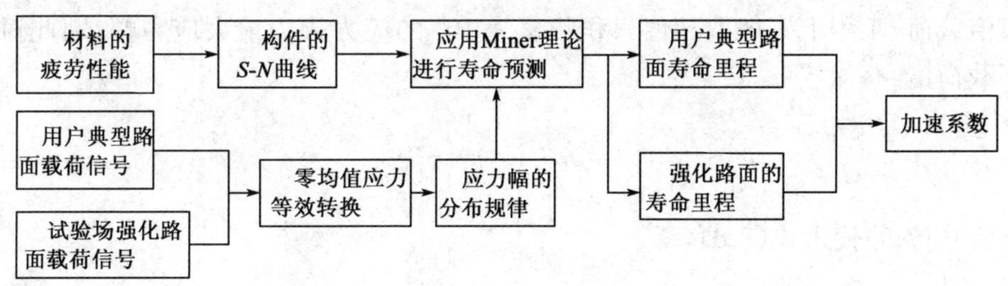

图 7-8 试验场强化路加速系数的研究流程

以某重型载货汽车承载系构件为研究对象，根据疲劳损伤寿命相等原则，通过测定其承载系重点考核构件的疲劳损伤，对其在强化路和用户路上的载荷谱进行统计分析，利用修正的 Miner 线性疲劳累积损伤理论求取该承载系部件在各种路面下的疲劳寿命，最后求出各种路面及组合综合路加速系数。

设 N_0 为对应于疲劳极限 σ_{-1} 的疲劳极限寿命，则根据 S-N 曲线 Basquin 关系式有

$$\frac{N_0}{N_i}=\left(\frac{\sigma_i}{\sigma_{-1}}\right)^{m'} \tag{7-5}$$

由式(7-5)可得

$$N_i=N_0\left(\frac{\sigma_{-1}}{\sigma_i}\right)^{m'} \tag{7-6}$$

将式(7-6)代入式(3-4)可得疲劳累积损伤的计算式为

$$D=\sum_{i=1}^{n}\frac{n_i}{N_i}=\sum_{i=1}^{n}\frac{n_i}{N_0(\sigma_{-1}/\sigma_i)^{m'}}=\sum_{i=1}^{n}\frac{n_i\sigma_i^{m'}}{N_0\sigma_{-1}^{m'}} \tag{7-7}$$

根据 Miner 累积损伤法则和各构件的载荷谱，可以计算车辆在强化路段上行驶时的累积损伤。但试验证明，直接按 Miner 的线性累积损伤理论对部件的疲劳寿命进行估计还不够精确，因而需要对其进行修正。H. T. 科尔顿和 T. J. 多兰经研究，提出用 α 代替 Basquin 关系式中的 m，取 $\alpha=(0.81\sim0.94)m'$，通常取 $\alpha=0.85m'$，称为强度系数指数，考虑到小载荷的影响，$0.5\sigma_{-1}$ 以下的应力循环认为不再对构件造成损伤，可将其删除。因此式(7-7)可写成

$$D=\sum_{i=1}^{n}\frac{n_i\sigma_i^{\alpha}}{N_0\sigma_{-1}^{\alpha}} \tag{7-8}$$

根据经验，在总数为 10^6 的循环中出现一次的最大载荷可以代表疲劳寿命中的极值载荷，工程上一般取超值累积频率为 10^6 的应力幅为最大应力幅，因此对于程序载荷谱，有

$$n_i=n_t\theta_i=n_t\left(\frac{\omega_i}{10^6}\right) \tag{7-9}$$

将式(7-9)代入式(7-8)，得

$$D=\sum_{i=1}^{n}\frac{n_t\omega_i\sigma_i^{\alpha}}{10^6N_0\sigma_{-1}^{\alpha}} \tag{7-10}$$

根据 Miner 理论，当 $D=1$ 时将发生疲劳破坏，即

$$n_t = \frac{10^6 N_0 \sigma_{-1}^{\alpha}}{\sum_{i=1}^{n} \omega_i \sigma_i^{\alpha}} \tag{7-11}$$

式(7-11)即为疲劳寿命计算表达式，由于以里程表达寿命更加直观，可以进行以下换算：

$$n_t = \frac{n_0}{L_0} L \tag{7-12}$$

联合式(7-11)及式(7-12)可得

$$L = \frac{L_0}{n_0} \frac{10^6 N_0 \sigma_{-1}^{\alpha}}{\sum_{i=1}^{n} \omega_i \sigma_i^{\alpha}} \tag{7-13}$$

设汽车承载系构件在试验场强化路面达到疲劳破坏行驶里程为 L_1，在用户使用典型路面达到疲劳破坏时行驶里程为 L_2，根据加速系数的定义和式(7-13)可得

$$K = \frac{L_2}{L_1} = \frac{(L_{02}/n_{02})(10^6 N_0 \sigma_{-1}^{\alpha} / \sum_{i=1}^{n} \omega_{i2} \sigma_{i2}^{\alpha})}{(L_{01}/n_{01})(10^6 N_0 \sigma_{-1}^{\alpha} / \sum_{i=1}^{n} \omega_{i1} \sigma_{i1}^{\alpha})}$$

$$= \frac{(n_{01}/L_{01})(\sum_{i=1}^{n} \omega_{i1} \sigma_{i1}^{\alpha})}{(n_{02}/L_{02})(\sum_{i=1}^{n} \omega_{i2} \sigma_{i2}^{\alpha})} \tag{7-14}$$

令 $F_1 = n_{01}/L_{01}$，$F_2 = n_{02}/L_{02}$，$D_1 = \sum_{i=1}^{n} \omega_{i1} \sigma_{i1}^{\alpha}$，$D_2 = \sum_{i=1}^{n} \omega_{i2} \sigma_{i2}^{\alpha}$

则式(7-14)可以表示为

$$K = \frac{F_1 \cdot D_1}{F_2 \cdot D_2} \tag{7-15}$$

由式(7-15)可知，加速系数的表达式可以简化为用频率因子统计量 F 和损伤因子统计量 D 来表达，这两个参量的物理意义如下：频率因子反映了单位里程的路面上，汽车部件所受应力循环次数，它与汽车的机械结构和路面状况有关；损伤因子从统计角度反映了路面对汽车零部件的损伤作用，它不仅与汽车的机械结构和路面状况有关，而且与所测部件的疲劳特性有关。

7.4.2 组合综合路加速系数

汽车试验场的可靠性强化试验是由多种不同形式的强化路段组成的。在实际

的可靠性行驶试验时，汽车是在强化路段上连续行驶的，因此需要计算组合路面的综合加速系数 K_Σ。

设汽车试验场组合路段的总长为 L，汽车承载系某一构件的疲劳寿命里程为 S_z，各路段的长度分别为 $L_j(j=1,2,\cdots,n)$，则各路段所占的比例为 B_j，则有 $B_j=L_j/L$，令各路段的加速系数分别为 $K_j(j=1,2,\cdots,n)$，因此

$$K_j=\frac{S_y}{S_j} \tag{7-16}$$

汽车在整个组合路面行驶时，当某一构件发生疲劳破坏时，根据 Miner 理论其总的累积损伤是一定的，在组合路面行驶一周时有下面的关系式

$$S_z=\frac{L}{\sum_{j=1}^{n}\frac{L_j}{S_j}} \tag{7-17}$$

因此组合综合路加速系数为

$$K_\Sigma=\frac{S_y}{S_z}=\frac{S_y}{L}\sum_{j=1}^{n}\frac{L_j}{S_j}=\sum_{j=1}^{n}B_jK_j \tag{7-18}$$

7.4.3 加速系数计算结果

根据各种强化路载荷谱的应力幅值和频次以及 H. T. 科尔顿、T. J. 多兰的修正 Miner 法，本书应用 Visual Basic 语言编制了试验场强化路加速系数的计算程序，程序主界面如图 7-9 所示，求出强化路的损伤因子和频率因子统计量，再应用式(7-15)、式(7-18)就可以计算出各强化路段的加速系数和组合综合路加速系数，计算结果见表 7-2～表 7-6。

前桥加速系数 表 7-2

参数 路面类型	频率因子统计量 F（频次/km）	损伤因子统计量 D（频次·MPa）	加速系数 K	组合综合路加速系数 K_Σ
失修路+小圆凸起+大圆凸起	3215	2.38245E+8	9.94	12.28
1 号强化路	2373	2.97301E+8	11.61	
2 号强化路	868	5.44257E+8	17.58	
3 号强化路	2564	5.53408E+8	18.37	
砂石路	1885	1.60761E+8	4.15	

后桥加速系数 表 7-3

参数 / 路面类型	频率因子统计量 F（频次/km）	损伤因子统计量 D（频次·MPa）	加速系数 K	组合综合路加速系数 K_{Σ}
失修路＋小圆凸起＋大圆凸起	2589	2.73024E＋8	7.84	13.15
1号强化路	3125	3.65752E＋8	9.20	
2号强化路	1285	3.69725E＋8	17.77	
3号强化路	3521	4.21054E＋8	18.52	
砂石路	2658	1.14340E＋8	3.41	

平衡梁加速系数 表 7-4

参数 / 路面类型	频率因子统计量 F（频次/km）	损伤因子统计量 D（频次·MPa）	加速系数 K	组合综合路加速系数 K_{Σ}
失修路＋小圆凸起＋大圆凸起	1920	2.81754E＋8	8.50	13.89
1号强化路	1819	3.20025E＋8	10.16	
2号强化路	2056	4.54364E＋8	17.08	
3号强化路	1937	5.84263E＋8	19.41	
砂石路	3433	2.34901E＋8	7.62	

驾驶室前悬置加速系数 表 7-5

参数 / 路面类型	频率因子统计量 F（频次/km）	损伤因子统计量 D（频次·MPa）	加速系数 K	组合综合路加速系数 K_{Σ}
失修路＋小圆凸起＋大圆凸起	2103	2.98250E＋8	8.65	10.57
1号强化路	1281	3.05354E＋8	9.77	
2号强化路	3250	4.17745E＋8	15.60	
3号强化路	1694	5.23040E＋8	17.74	
砂石路	1217	2.65042E＋8	3.83	

驾驶室后悬置加速系数 表 7-6

参数 / 路面类型	频率因子统计量 F（频次/km）	损伤因子统计量 D（频次·MPa）	加速系数 K	组合综合路加速系数 K_{Σ}
失修路＋小圆凸起＋大圆凸起	987	2.82315E＋8	7.09	12.44
1号强化路	1560	2.91410E＋8	11.83	
2号强化路	2162	4.28354E＋8	16.14	
3号强化路	1843	4.70784E＋8	18.72	
砂石路	1926	1.43357E＋8	4.27	

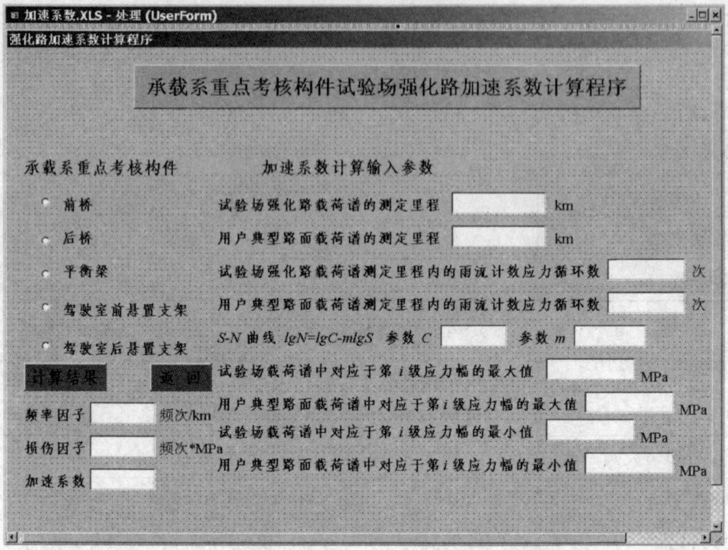

加速系数.XLS - 处理 (UserForm)
强化路加速系数计算程序
承载系重点考核构件试验场强化路加速系数计算程序
承载系重点考核构件
前桥
后桥
平衡梁
驾驶室前悬置支架
驾驶室后悬置支架
加速系数计算输入参数
试验场强化路载荷谱的测定里程 km
用户典型路面载荷谱的测定里程 km
试验场强化路载荷谱测定里程内的雨流计数应力循环数 次
用户典型路面载荷谱测定里程内的雨流计数应力循环数 次
S-N 曲线 lgN=lgC-mlgS 参数 C 参数 m
试验场载荷谱中对应于第 i 级应力幅的最大值 MPa
用户典型路面载荷谱中对应于第 i 级应力幅的最大值 MPa
试验场载荷谱中对应于第 i 级应力幅的最小值 MPa
用户典型路面载荷谱中对应于第 i 级应力幅的最小值 MPa
计算结果
返 回
频率因子 频次/km
损伤因子 频次*MPa
加速系数

图 7-9　汽车试验场加速系数计算程序主界面

7.5　重点构件的用户寿命里程仿真计算

应用 Visual C++语言编制了汽车承载系试验场可靠性试验寿命里程仿真计算软件，软件界面如图 7-10 所示。该软件能实现参数化计算承载系构件的寿命里程，用户界面是由窗口、光标、按键、文字说明等对象构成的一个用户界面。用户通过一定的方法(如鼠标或键盘)选择、激活这些图形对象，并可根据要求输入计算所需要的参数，使计算机产生某种动作或变化来进行计算。软件不仅操作简单而且可以反复使用，在加速系数已知的条件下，利用该软件还可计算出车辆用户实际使用的承载系构件寿命里程，仿真计算结果见表 7-7 和表 7-8。从寿命计算结果看，驾驶室前悬置没能达到试验场和 90%用户目标里程考核目标，其他构件均满足评价指标。

试验场寿命仿真计算结果　　表 7-7

承载系重点考核构件	前桥	后桥	平衡梁	驾驶室前悬置	驾驶室后悬置
试验场寿命计算结果(km)	43024	38623	39587	26948	46156

用户典型路面寿命仿真计算结果　　表 7-8

承载系重点考核构件	前桥	后桥	平衡梁	驾驶室前悬置	驾驶室后悬置
用户使用寿命计算结果(km)	528334	507892	549863	284840	574180

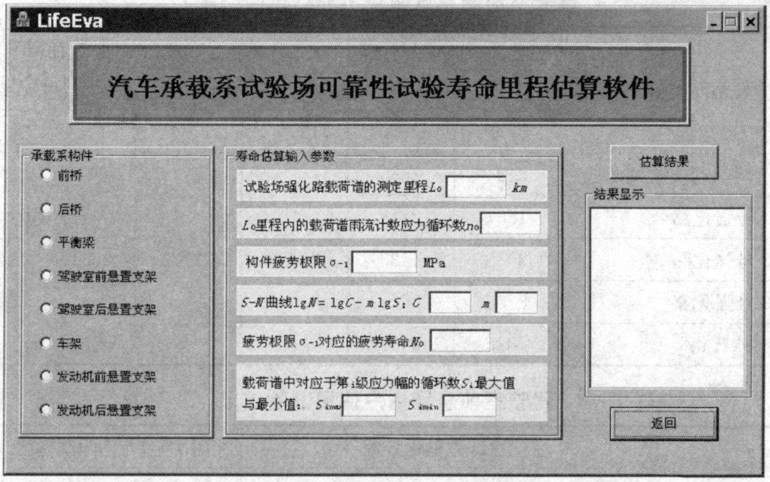

图 7-10 汽车承载系试验场可靠性试验寿命里程计算软件

7.6 仿真计算结果试验验证

汽车强化试验是加速汽车产品可靠性考核的基本试验方法，是在比一般使用环境更苛刻的条件下进行的寿命试验。试验场强化路加速系数可以用来计算车辆用户实际使用工况下的可靠性寿命里程。按表 6-6 给出的试验场可靠性试验规范路面分配里程，考虑到不同的承载系构件，可靠性试验可以根据其考核的对象按规定比例选择不同的循环强化路面组合。汽车承载系构件在试验场试验发生疲劳破坏时，根据其在各强化路的试验里程，车辆用户实际使用条件下的寿命里程可按式(7-19)进行计算，即

$$L_{用户} = \sum_{i=1}^{5} L_{Ri} \cdot m_i \cdot K_{\sum i} \tag{7-19}$$

根据制定的可靠性试验规范，选择同类车型的 4 辆样车(编号为 P_1、P_2、P_3、P_4)进行试验验证，其中 P_1、P_2 样车在试验场进行，P_3、P_4 样车投放用户使用试验。试验结果表明，P_1、P_2 样车在可靠性试验总里程分别为 21052km 和 22732km 时，驾驶室前悬置出现了疲劳裂纹，根据其加速系数计算的 P_1、P_2 两辆车用户寿命里程分别为 263186km 和 270441km，可靠性试验结果见表 7-9。

投放用户使用试验的 P_3、P_4 样车，行驶里程分别为 244355km 和 261157km 时同样出现了相同模式的故障，寿命里程分配见表 7-10。

驾驶室前悬置试验场可靠性试验结果　　表 7-9

试验场路面类型	强化路试验里程分配(km)		试验寿命总里程(km)		利用加速系数计算的用户寿命里程(km)	
	P_1 车	P_2 车	P_1 车	P_2 车	P_1 车	P_2 车
失修路＋小圆凸起＋大圆凸起	2124	2365	21052	22732	263186	270441
1 号强化路	1837	2218				
2 号强化路	3980	4423				
3 号强化路	8236	7674				
砂石路	4875	6052				

驾驶室前悬置用户使用试验结果　　表 7-10

用户使用试验路面类型	试验里程分配(km)		用户实际使用寿命里程(km)	
	P_3 车	P_4 车	P_3 车	P_4 车
平坦路面	89355	83614	244355	261157
中等不平路面	47364	68033		
市区路	22762	17250		
越野路	21398	12587		
山路	42656	62748		
坏路	20820	16925		

承载系重点考核的前后桥、驾驶室后悬置及平衡梁在试验场和用户使用试验中均未发生疲劳破坏。通过对比驾驶室前悬置寿命仿真计算结果与试验场及用户使用试验的故障里程可以看出，仿真计算软件计算的寿命里程与试验场试验和用户使用试验结果基本吻合，说明加速系数及寿命里程计算软件计算正确，制定的试验规范达到了预期的可靠性评价目标。

第 8 章　动力传动系可靠性试验方法

为研究某重型载货汽车动力传动系的可靠性，提出一种基于山区典型公路与用户实际使用相关联的强化试验新方法，该方法能把用户对车辆的实际使用工况与山区典型公路强化试验结合起来，避免了以往传动系可靠性试验的盲目性。采集山区典型公路和用户真实用法的试验数据，通过传动轴转矩对转速的联合分级矩阵获得输出累积能量分布载荷谱。结合用户实际调查的路面比例和车辆载质量数据，根据 Weibull 分布概率纸直线方程及动力传动系累积能量数学模型，计算失效概率为 90％条件下的四种用户典型路面和每个实际用户的总累积能量，并对分布函数进行 K-S 检验，然后利用 Monte-Carlo 方法仿真模拟 90％用户的动力传动系输出总能量。通过山区典型公路和 90％用户累积能量的相关性计算，获得山区公路的强化系数和可靠性试验方法。本章提出真正考虑用户真实用法的基于山区公路典型路段的动力传动系可靠性试验方法，通过对山区典型公路与 90％用户数据累积能量的相关性计算，制定能反映用户实际使用工况的动力传动系可靠性试验规范，为重型汽车的新产品定型提供新的试验方法。

8.1　试验方法基本原理

汽车可靠性试验是考核和验证其耐久性的一种重要手段，由于在普通路面上做行驶试验直至薄弱环节失效，一般要行驶几万千米甚至十几万千米。为了缩短可靠性试验时间，试验场上的试验条件变得越来越苛刻，这主要是通过建造更恶劣的试验道路和加快行驶车速来实现的。但在 20 世纪 50 年代人们认识到试验场的试验条件过于苛刻并不合理，因为它会引起一些在用户实际使用中不会出现的失效模式而造成误导。因此，现代汽车设计必须以市场为导向，设计寿命“过大”或“不足”的产品通常是不经济且缺乏市场竞争力的，所以无论在汽车设计、开发还是试验阶段都应当考虑用户的实际使用要求。美国通用汽车公司在 20 世纪 80 年代专门设置一个部门来研究道路强化系数，由于路面条件的不断变化及车型的更新，该部门根据其研究结果，不断改造试验路面和改进可靠性试验规范。对于重型汽车动力传动系可靠性试验方法，国内几大汽车公司通过和国外合作取得了一定研究成果，从试验规范的应用情况看仍处于起步阶段。动力传动系作为汽车的一个重要总成，它的可靠性对行车安全至关重要，制定科学、合理的符合用户使用条件的汽车可靠性试验规范且能对试验结果进行科学地评价，是整个汽车行业面临的一个重要课题。

计算用户实际使用环境中动力传动系转矩对转速的载荷能量，在山区公路典型路段按一定的比例混合各种路面或各种工况重现这一等价能量，载荷能量的重现通常可在较短的时间内完成，因此可以达到传动系强化试验的目的。山区典型公路与用户用法的相关试验方法如图 8-1 所示。

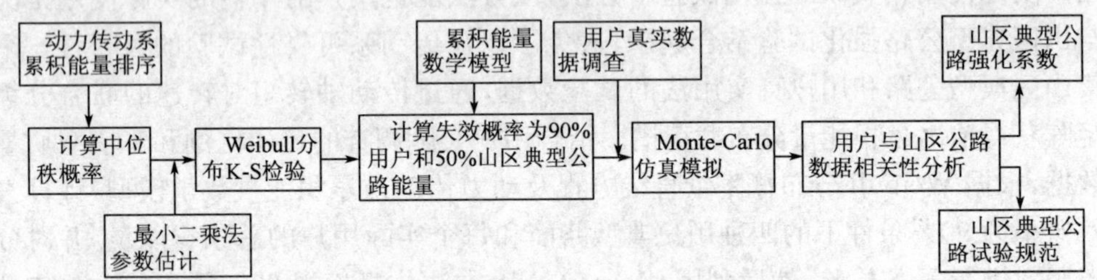

图 8-1　山区典型公路与用户用法相关性研究方法

研究用户用法与山区典型公路试验之间的相关性，制定科学、可信的山区典型公路试验方法，需要在全国范围内调查与本次试验车型相关的车辆用户使用信息，对用户和潜在用户用法进行调查、访问，内容主要包括用户使用的路面类型比例、行驶车速、交通状况、车辆负荷情况、行驶道路种类、各种道路上行驶里程、驾驶员的驾驶习惯以及各种典型道路所在地区等内容，调查结果如图 8-2 所示。

Microsoft Excel - Customer Survey

	A	B	C	D	E
1	路面百分比				
2	平坦路面	中等不平路	城市路面	山区路面	载重/kg
3	0.61	0.17	0.22	0	28000
4	0.7	0.1	0	0.2	22000
5	1	0	0	0	25000
6	0.7	0.2	0	0.1	18000
7	0.6	0.166	0.167	0.067	30000
8	0.7	0.2	0.1	0	22000
9	0.4	0.1	0.2	0.3	20000
10	0.7	0.1	0	0.2	32000
187	0.3	0.15	0.4	0.15	15000
188	0.6	0	0.4	0	22000
189	0.8	0	0	0.2	22000
190	0.7	0	0.3	0	28000
191	0.75	0	0.2	0.05	22000
192	0.8	0	0.15	0.05	30000
193	0.7	0	0	0.3	22000
194	0.3	0	0	0.7	25000
195	0.7	0	0.2	0.1	18000
196	0.6	0	0.1	0.3	20000

Survey

数字

图 8-2　用户车辆调查数据

将用户调查数据作为参数变量，输入90%用户模型进行计算，对计算结果进行 Monte-Carlo 仿真模拟获得用户目标里程载荷能量。

8.2 90%用户累积能量模型

汽车行驶时，驱动车轮由于受到来自动力传动系的输出转矩作用而使车辆得以运动。设某时刻传动系的输出转矩为 $M_j(t)$，此时对应的转速为 $n_j(t)$，经过时间 $(t_k - t_i)$ 传动系转矩所做功，即输出的能量为

$$E_j = \int_{t_i}^{t_k} M_j(t) n_j(t) \mathrm{d}t \tag{8-1}$$

累积每个试验循环，传动系输出总能量为

$$E_t = \sum_{j=1}^{N} E_j \tag{8-2}$$

汽车可靠性工程研究中，结构材料的疲劳强度、疲劳寿命、磨损寿命、腐蚀寿命以及由许多单元组成的汽车总成的寿命，一般都服从 Weibull 分布。由于 Weibull 分布概率密度函数中包含有三个待定参数，所以它能更完善地拟合试验数据点。对于用户使用的四种典型路面（平坦路面、中等不平路、城市路面、山区路面）和山区典型公路，动力传动系的输出累积能量服从 Weibull 分布，其分布函数为

$$F(t) = 1 - \exp\left[-\left(\frac{t}{\beta}\right)^m\right] \tag{8-3}$$

Weibull 分布模型参数可利用最小二乘法估计，将式(8-3)改写为

$$\ln\left[\ln\frac{1}{1-F(t)}\right] = m\ln t - m\ln\beta \tag{8-4}$$

在 Weibull 分布概率纸上，规定 $X = \ln t$，为横坐标；$Y = \ln\left[\ln\frac{1}{1-F(t)}\right]$，为纵坐标。式(8-4)便可写为一直线方程，即

$$Y = mX + b \tag{8-5}$$

式中：$b = -m\ln\beta$。

因此，Weibull 分布模型参数的最小二乘法估计结果为

$$\begin{cases} m = \dfrac{\sum\limits_{i=1}^{n}(X_i - \overline{X})(Y_i - \overline{Y})}{\sum\limits_{i=1}^{n}(X_i - \overline{X})^2} \\ \beta = \exp[-(\overline{Y} - m\overline{X})/m] \end{cases} \tag{8-6}$$

根据 Weibull 分布概率纸的直线方程与实际用户调查数据(行驶路面比例和质量),对于用户使用的典型路面,失效概率为 90%的用户动力传动系累积能量数学模型为

$$\begin{pmatrix} f_{s1}/W_{a1} & f_{p1}/W_{a1} & f_{c1}/W_{a1} & f_{m1}/W_{a1} \\ f_{s2}/W_{a2} & f_{p2}/W_{a2} & f_{c2}/W_{a2} & f_{m2}/W_{a2} \\ \vdots & \vdots & \vdots & \vdots \\ f_{sn}/W_{an} & f_{pn}/W_{an} & f_{cn}/W_{an} & f_{mn}/W_{an} \end{pmatrix} \begin{pmatrix} 1/E_s \\ 1/E_p \\ 1/E_c \\ 1/E_m \end{pmatrix} = \begin{pmatrix} 1/E_1 \\ 1/E_2 \\ \vdots \\ 1/E_n \end{pmatrix} \tag{8-7}$$

式(8-7)中 W_{ai} 为载质量调整因数,其计算式为

$$W_{ai} = \left[\frac{L_{PH}}{L_{PL}}\right]^{[(W_R - W_{ACQ})/(W_H - W_L)]} \tag{8-8}$$

8.3 目标用户的 Monte-Carlo 仿真

Monte-Carlo 仿真是一类通过随机模拟和统计试验来求解数学、物理、工程技术等方面问题近似解的数值计算方法。针对要求解的 90%用户目标总累积能量,建立一个正态分布统计模型,使所求解恰好是该概率统计模型的数学期望。对模型中的随机变量建立正态抽样方法,在计算机上进行模拟试验,抽取足够多的随机数,对有关结果进行统计获得所求解的估计值。利用式(8-7)计算的 90%用户路面的总能量服从正态分布,可建立正态分布的随机抽样模型进行模拟。由 RAND( )函数产生 2 组均匀分布于(0,1)上的独立随机数 r_1 和 r_2,将它们作下列变换

$$y_1 = (-2\ln r_1)^{\frac{1}{2}}\cos(2\pi r_2) \tag{8-9}$$

$$y_2 = (-2\ln r_1)^{\frac{1}{2}}\sin(2\pi r_2) \tag{8-10}$$

其逆变换为

$$r_1 = \exp\left[-\frac{1}{2}(y_1^2 + y_2^2)\right] \tag{8-11}$$

$$r_2 = \frac{1}{2\pi}\arctan\frac{y_2}{y_1} \tag{8-12}$$

可导出 y_1、y_2 的联合分布密度函数为

$$f(y_1, y_2) = \frac{1}{2\pi}\exp\left[-\frac{1}{2}(y_1^2 + y_2^2)\right] = \frac{1}{\sqrt{2\pi}}\exp\left(-\frac{y_1^2}{2}\right)\cdot\frac{1}{\sqrt{2\pi}}\exp\left(-\frac{y_2^2}{2}\right) \tag{8-13}$$

显然，概率密度分布函数 y_1 与 y_2 相互独立，且均服从标准正态分布，即 $y_i \sim N(0,1)$。对任意均值为 μ、方差为 σ^2 的正态分布随机变量 x_i 可通过以下变换得到

$$x_i = \mu + \sigma[(-2\ln r_1)^{\frac{1}{2}}\cos(2\pi r_2)] \tag{8-14}$$

根据 Lindeberg-Levy 独立同分布随机变量的中心极限定理，当 n 足够大时，Monte-Carlo 仿真值 $\frac{1}{n}\sum_{i=1}^{n}x_i$ 近似地服从正态分布 $N\left(\mu,\frac{\sigma^2}{n}\right)$，则对于任意的 $t_\alpha(t_\alpha>0)$，有

$$\lim_{n\to\infty}P\left(\left|\frac{1}{n}\sum_{i=1}^{n}X_i-\mu\right|\leqslant t_\alpha\frac{\sigma}{\sqrt{n}}\right)=\int_{-t_\alpha}^{t_\alpha}\frac{1}{\sqrt{2\pi}}e^{-\frac{x^2}{2}}\mathrm{d}t=1-\alpha \tag{8-15}$$

因此，Monte-Carlo 仿真误差为

$$\varepsilon = t_\alpha\frac{\sigma}{\sqrt{n}} \tag{8-16}$$

对于给定的显著性水平 α，t_α 可通过查标准正态分布函数数值表求得，所以 Monte-Carlo 仿真误差由方差和抽样次数决定。利用式(8-14)变换抽样法产生服从正态分布的随机样本，仿真抽样求出 90%用户目标累积能量。模拟计算次数越多，统计量的平均值越接近真实值。

8.4 试验方案设计

为保证用户关联的试验规范能真实地反映用户的使用工况，并能预报传动系的潜在故障，测试数据主要包括动力传动系的传动轴转矩、转速、车速、发动机转速、机油温度、冷却液温度、悬置系统加速度、加速踏板位移、离合器位移等相关信号。

8.4.1 传动轴转矩测量

载荷分析是汽车零部件疲劳可靠性试验的基础，试验测量的载荷谱一般指应变谱、应力谱、转矩谱等。传动轴作为汽车动力传动系的主要部件，其输出的转矩是可靠性试验中重要的测试参数，本书应用 J1 型单通道非接触式转矩传感器测量传动轴转矩，试验标定如图 8-3 所示。

由于实测的传动轴转矩-时间载荷历程的随机性、真实工作状态千变万化，为了分析和试验方便，压缩试验时间，都必须对实测的转矩-时间历程加以简化，以得到能反映真实情况且具有代表性的“典型载荷谱”。

图 8-3　传动轴转矩试验标定

8.4.2　山区典型公路特征

山区典型公路试验路段位于吉林省边境的国道 303 所在某山区，有效试验路段全长 33km，最大坡度为 10%，平均坡度为 4.8%，坡度较大且连续上下坡距离长，弯路少，车流量小，海拔高差为 600m，较适合大型车辆的动力传动系可靠性试验。利用 GPS 精确测量试验路段的经纬度、海拔及地形地貌等参数，绘制的地形特征如图 8-4 所示。

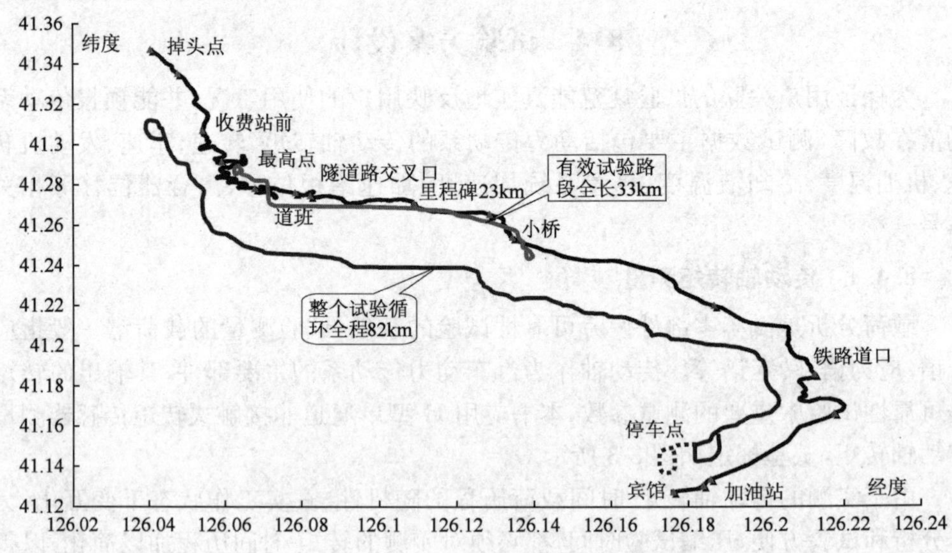

图 8-4　某山区典型公路地形特征

8.5 试验规范制定

8.5.1 试验数据采集与处理

为能反映用户对车辆实际使用工况,用户试验选在全国的典型路面进行,同时在山区典型公路采集足够试验数据。试验采集的原始数据由于环境温度和湿度的影响,部分数据存在零漂、野点、趋势项等问题,必须对数据进行预处理。将预处理后的传动轴转矩对转速数据进行分级计数,转化成不同转矩、转速下的传动轴转动次数或转数分布矩阵,处理结果如图 8-5 所示。

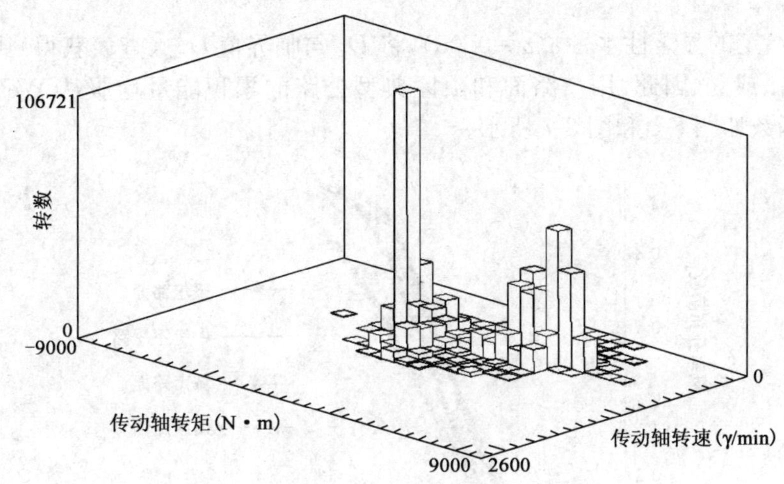

图 8-5 传动轴转矩对转速分级计数矩阵

利用该矩阵可计算每种路面和每个文件的各级转矩对应的传动轴输出累积能量。为了在 Weibull 分布模型中描绘其分布曲线,可应用中位秩公式计算传动系输出累积能量的概率估计值,即

$$F(t_i)=\frac{i-0.3}{n+0.4} \tag{8-17}$$

根据扭矩累积能量排序和估算概率,应用最小二乘法估计的 Weibull 参数值见表 8-1。

利用最小二乘法估计结果,对 Weibull 分布函数进行 K-S(Kolmogorov-Smirnov)检验,根据分布函数计算每个数据的 $F(x_i)$值,将其与对应的随机样本累计失效概率函数 $F_n(x_i)$比较,设

Weibull 参数的最小二乘法估计结果　　表 8-1

路 面 类 型	Weibull 形状参数 m	Weibull 尺度参数 β
平坦路面	3.9781	E+29.01
中等不平路	4.2261	E+29.11
城市路面	3.2056	E+29.23
山区路面	3.4496	E+29.04
山区典型公路	2.9106	E+22.99

$$D_n = \max|F(x_i) - F_n(x)| \tag{8-18}$$

对于给定的显著性水平 α(α=0.05)，将 D_n 与临界值 $D_{n,\alpha}$(查表获得)比较，均有 $D_n < D_{n,\alpha}$ 成立，因此，用户路面和山区典型公路的累积能量均服从 Weibull 分布，分布函数如图 8-6 和图 8-7 所示。

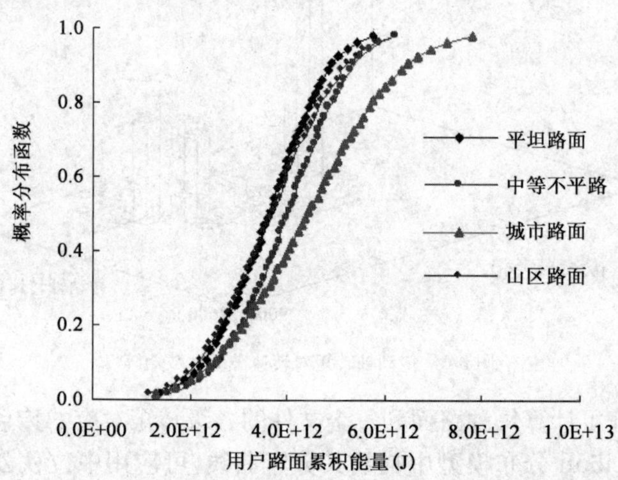

图 8-6　用户典型路面的 Weibull 分布函数

通过 Weibull 概率纸拟合的直线方程，计算所有调查用户的每种路面 90%用户累积能量见表 8-2，同理计算山区典型公路 50%失效概率总累积能量为 15095653638.60J。

90%用户累积能量计算结果　　表 8-2

路 面 类 型	90%用户累积能量(J)	路 面 类 型	90%用户累积能量(J)
平坦路面	3909771311078.09	城市路面	1336933935049.63
中等不平路	2905132162401.08	山区路面	4017576596143.08

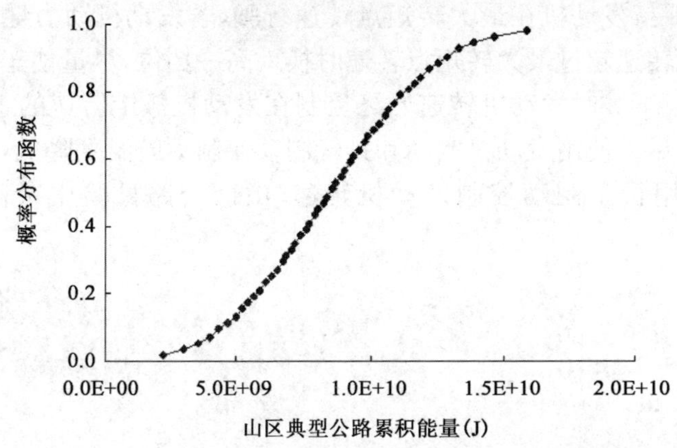

图 8-7　山区典型公路的 Weibull 分布函数

根据表 8-2 中数据，结合用户调查路面比例，利用 90%用户模型式(8-7)计算每个用户的传动系累积能量，再通过 Monte-Carlo 仿真模拟 90%用户目标累积能量为 3491131738806.19J，仿真抽样次数为 10000 次，取置信度为 95%以保证 Monte-Carlo 仿真算法的抽样精度，此时仿真误差为 0.84%。

8.5.2　山区传动系试验规范制定

强化系数是山区典型公路的可靠性试验和用户实际使用相比较而言的，车辆的动力传动系输出累积能量在规定的条件下相等时，用户普通路面与山区公路可靠性强化道路的行驶里程之比，即

$$K=\frac{d}{(E_a/E_b)\cdot R} \tag{8-19}$$

由式(8-19)求得的山区典型公路传动系的强化系数为 4.7，参考图 8-4，山区公路的试验路段往返全长为 82km，根据强化系数计算的山区典型公路试验循环总里程为 10638km(包括连接路段的 2080km)，对应的试验循环次数为 130 次，对于动力传动系而言，完成整个试验循环相当于用户实际行驶 50000km。试验时每个试验循环不允许中途停车重新起步，每完成 2 个循环后在指定地点停车 30min。选定的山区典型公路有效试验路段，其坡度、坡长、山坡连续性及路况等特征应能满足特殊驾驶模式和传动轴转矩、转速等参数的数据要求。除有效试验路段外其余的道路均为连接试验路段，对于该路段的地形特征不做特殊要求，试验车辆在该路段行驶目的主要是为制动系统进行冷却，为进入有效试验路段做准备。试验时上

坡过程中始终保持发动机在最大转矩点转速行驶，若发动机动力性下降则换入低一挡位，发动机转速超过最大转矩点转速时换入高一挡位，尽量使车辆以最短时间通过上坡路段。下坡时发动机转速始终控制在发动机额定转速的1.0～1.1倍之间，下坡过程中尽量使用发动机制动和排气制动使制动鼓温度降低，当转速超过要求范围时可使用行车制动控制发动机转速，山区公路试验中最高车速不超过75km/h。

第 9 章　动力总成悬置系统振动特性分析

建立整车振动系统的动力学模型,同时把发动机、传动轴及轮胎激励加入到模型中。针对橡胶悬置元件刚度及阻尼的非线性特性,利用样条插值函数进行输入,通过道路试验与仿真计算结果的对比,验证模型的可信性。在此基础上研究动力传动系的振动对整车振动的影响,合理选择和匹配动力总成悬置系统刚度、悬置位置,能有效改善整车振动系统性能。

9.1　振动系统激励输入

整车系统振动是由振源的作用而产生的,主要激振源包括发动机激励、路面激励、传动轴激励和轮胎激励。

9.1.1　发动机激励

激振力矩是产生扭转振动的振源,作用在发动机曲轴上的激振力矩,主要是汽缸内燃气压力以及曲柄连杆机构的惯性力所产生的切向力矩,其次还有因受功部件吸收功率不均匀而产生的激振力矩。若不计摩擦阻力则作用于一个曲拐上的激振力矩为

$$M = M_j + M_g = \left(P_j + \frac{\pi D^2}{4} P_g\right) \frac{\sin(\alpha + \beta)}{\cos\beta} \cdot R \tag{9-1}$$

式中,M_j 和 M_g 分别为由曲柄连杆机构的惯性力 P_j 和燃气压力 P_g 产生的激振力矩;D 为汽缸直径;α 为曲柄与汽缸轴线的夹角;β 为连杆与汽缸轴线的夹角;R 为曲柄半径;现分别对 M_j 和 M_g 进行调和分析。

曲柄连杆机构的惯性力作用于单个曲拐上所产生的激振力矩为

$$M_j = P_j \frac{\sin(\alpha + \beta)}{\cos\beta} R = P_j R \left(\sin\alpha + \frac{\lambda}{2} \sin 2\alpha\right) \tag{9-2}$$

由于

$$P_j = - m_j R \omega^2 (\cos\alpha + \lambda \cos 2\alpha) \tag{9-3}$$

所以

$$M_j = m_j R^2 \omega^2 \left(\frac{\lambda}{4} \sin\alpha - \frac{1}{2} \sin 2\alpha - \frac{3}{4} \lambda \sin 3\alpha - \frac{\lambda^2}{4} \sin 4\alpha\right) \tag{9-4}$$

式中，m_j 为往复运动质量；λ 为连杆比，等于曲柄半径与连杆长度的比值。

燃气压力作用于单个曲拐上产生的激振力矩为

$$M_g=\frac{\pi D^2}{4}P_g\frac{\sin(\alpha+\beta)}{\cos\beta}R=\frac{\pi D^2}{4}P_gR\left(\sin\alpha+\frac{\lambda}{2}\sin2\alpha\right) \tag{9-5}$$

利用发动机示功图对 M_g 进行数值近似计算，首先利用发动机示功图对上式计算曲拐的 M_g-α 曲线。

然后进行数值分析计算

$$M_g(\omega_t t)=M_0+\sum_{k=1}^{\infty}(A_k\cos k\omega_t t+B_k\sin k\omega_t t) \tag{9-6}$$

式中，M_0 为单拐平均力矩，$M_0=\frac{1}{2\pi}\int_0^{2\pi}M_g(\omega t)\mathrm{d}(\omega t)$；$\omega_t=\frac{2\pi}{T}$ 为 M_g 的一阶谐量变化的角速度；T 为 M_g 的变化周期；ω 为曲轴旋转的角速度。

把 M_j 和 M_g 的相应阶次的力矩合成如下

$k=3$ 时

$$M_{3/2}=A_3\cos\frac{3\omega}{2}t+B_3\sin\frac{3\omega}{2}t \tag{9-7}$$

通过对激振力矩的简谐分析可知，阶数 k 越大，激振力矩的值越小，故本书忽略。当 $k=6$ 、9…时的各阶谐量，只取 3 阶。

所以整个发动机的激振力矩为

$$M=6M_{3/2}=6\left(A_3\cos\frac{3\omega}{2}t+B_3\sin\frac{3\omega}{2}t\right) \tag{9-8}$$

由发动机试验中测得的示功图数值计算求出 A_3、B_3 的值，将 M 加入到模型当中。

9.1.2 路面激励

路面激励是在水平路面上加一个其横截面为等腰梯形的凸块。由于凸起垂直于汽车前进的方向，侧向没有倾角，汽车的纵向和侧向振动较小，所以当汽车以一定的车速通过时，汽车在侧向、纵向振动可不予考虑，只研究汽车在其垂直方向的振动。

9.1.3 传动轴激励

传动轴是一高速旋转部件，由于其回转轴线与质量中心的不重合性，使传动轴本身存在着不平衡质量问题，它在旋转时将产生激振力。传动轴的不平衡量的容

许值为 100g · cm,则它的一阶不平衡激振力为

$$P = 0.001\omega^2 \sin\omega t \tag{9-9}$$

式中,m 为传动轴不平衡质量;e 为偏心距;ω 为传动轴转动角速度。

可以直接把此激振力加到模型中。而传动轴的二阶激励主要是万向节安装的夹角引起的,因此它在模型建完之后软件将自动计算出。

9.1.4 轮胎激励

轮胎的激励具有多阶成分,且阶数越高振动量级越低。轮胎的激励频率为

$$f = k\frac{\omega}{2\pi} \tag{9-10}$$

式中,ω 为车轮转动角速度;k 为阶次。

轮胎的不平衡对车辆的影响很大,因此当汽车出厂时轮胎都经过严格的不平衡检查一阶不平衡激励的激振力为

$$P = 0.1\omega^2 \sin\omega t \tag{9-11}$$

式中,m 为轮胎不平衡质量;e 为偏心距;ω 为轮胎转动角速度。

在加上负荷状态下使轮胎缓慢地旋转时,作用在车轴上的强制力和车轴的上下位移,在轮胎旋转时产生一阶到数阶的激励成分,三阶以上的振幅很小,可忽略不记,取前 3 阶。则 2 阶、3 阶激励的激振力分别为

$$P_2 = N_2 \sin 2\omega t \tag{9-12}$$

$$P_3 = N_3 \sin 3\omega t \tag{9-13}$$

式中,N_2、N_3 可根据试验所得的响应曲线以迭代法求出,再输入到模型中。

把实际测量与试验测得的参数及路面激励、发动机激励、轮胎激励、传动轴激励都输入到模型当中,然后进行分析,对比结果如图 9-1～图 9-12。

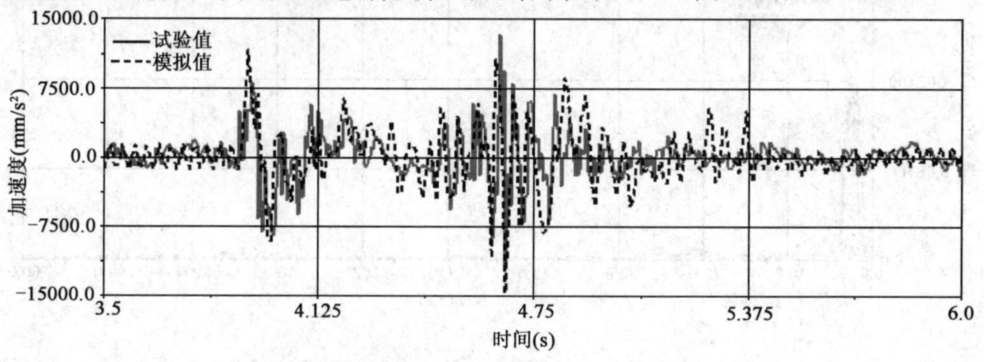

图 9-1　车架前点(前桥轴头正上方)Z 向加速度

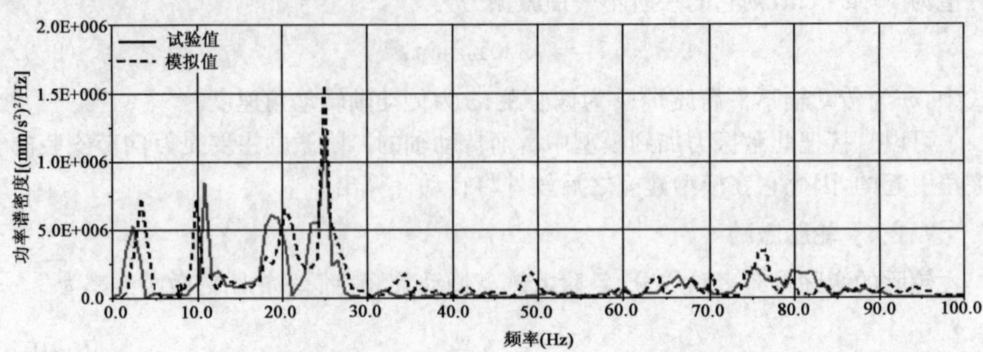

图 9-2　车架前点(前桥轴头正上方)Z 向加速度功率谱密度

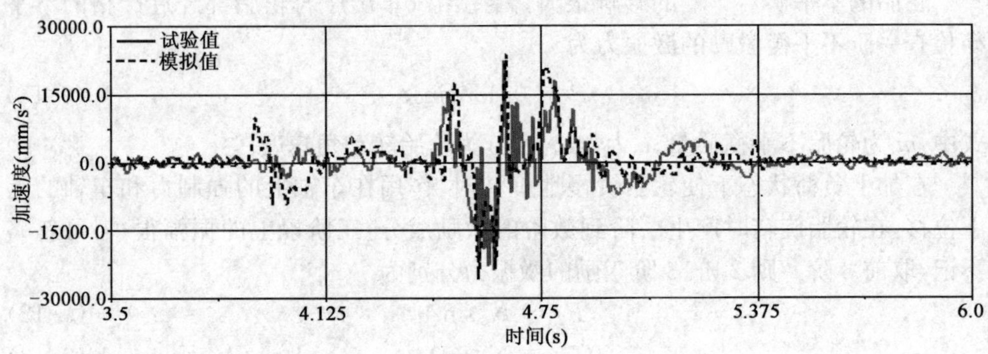

图 9-3　车架后点(后桥轴头正上方)Z 向加速度

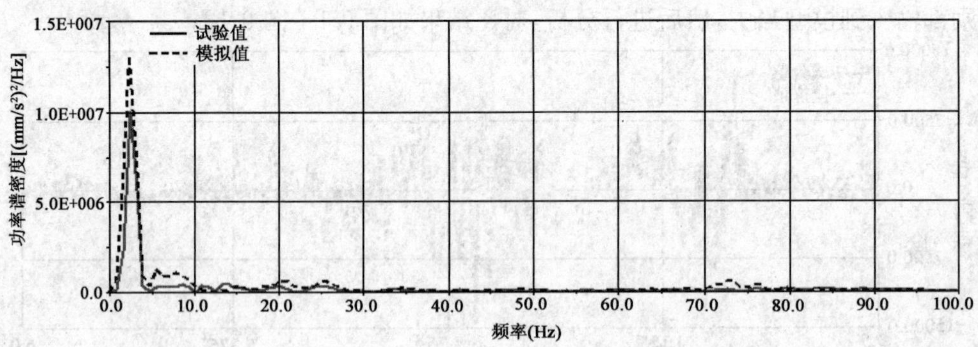

图 9-4　车架后点(后桥轴头正上方)Z 向加速度功率谱密度

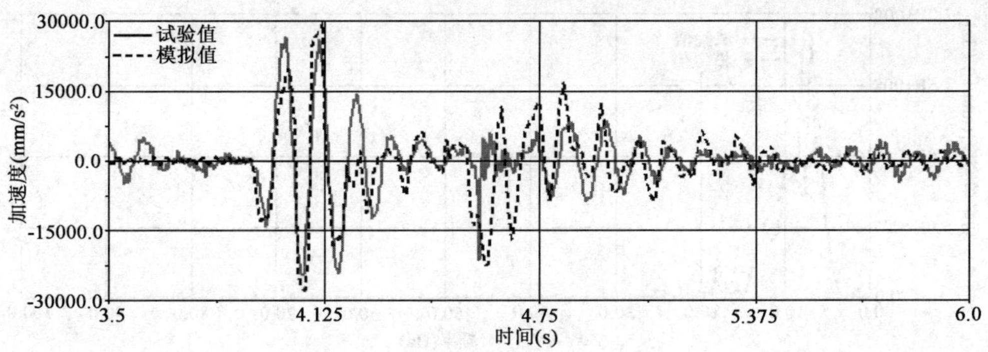

图 9-5　发动机缸体上 Z 向加速度

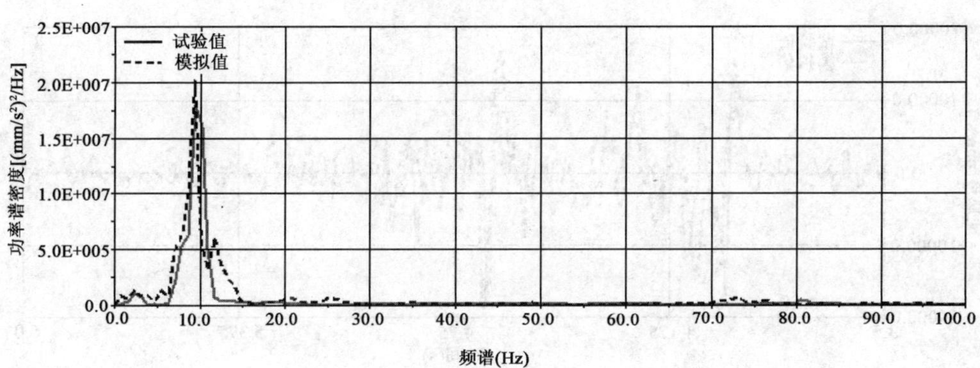

图 9-6　发动机缸体上 Z 向加速度功率谱密度

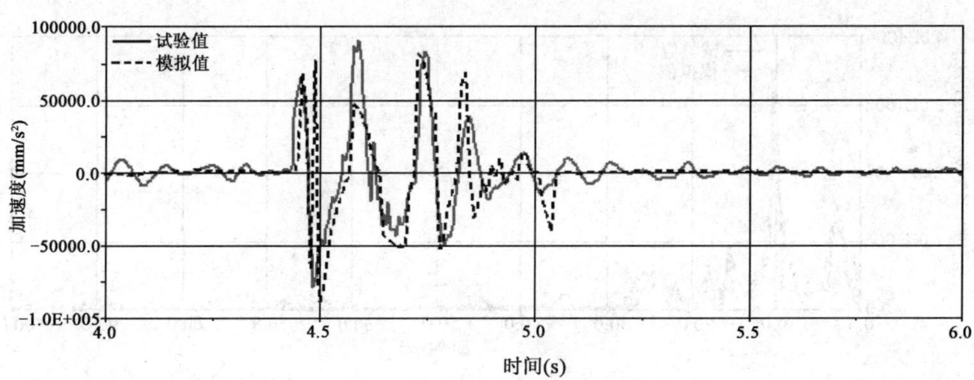

图 9-7　后桥上 Z 向加速度

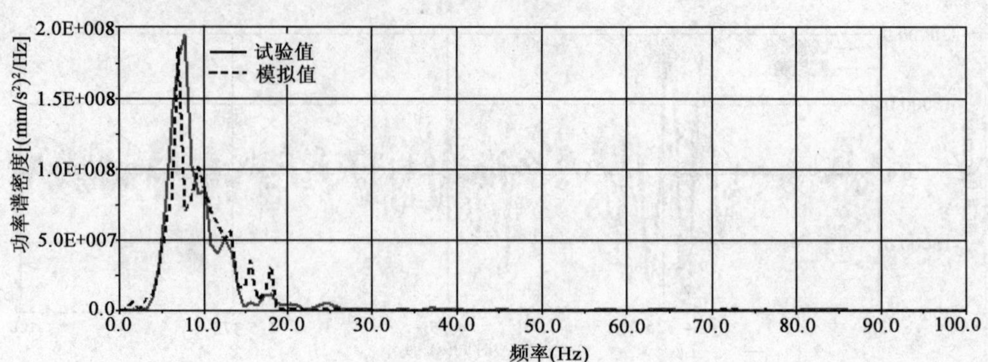

图 9-8　后桥上 Z 向加速度功率谱密度

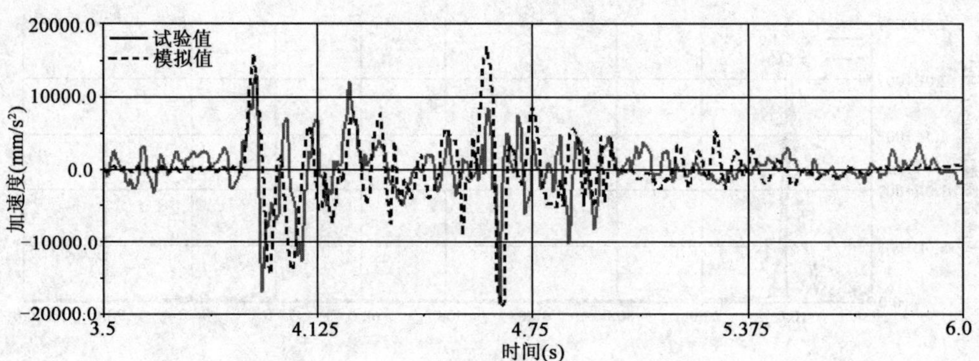

图 9-9　驾驶室底板上 Z 向加速度

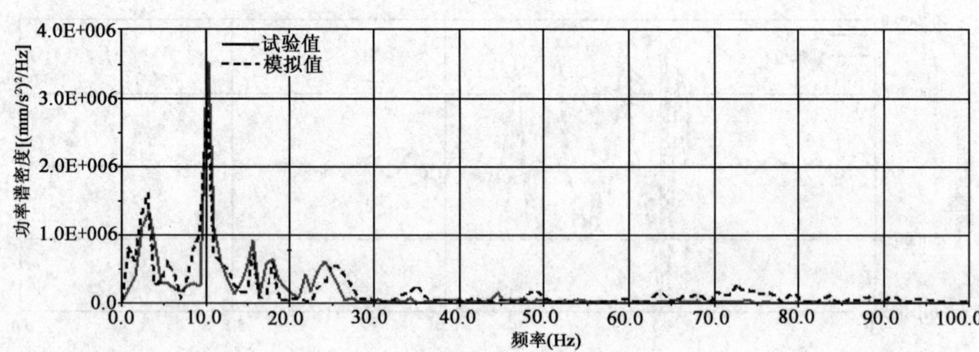

图 9-10　驾驶室底板上 Z 向加速度功率谱密度

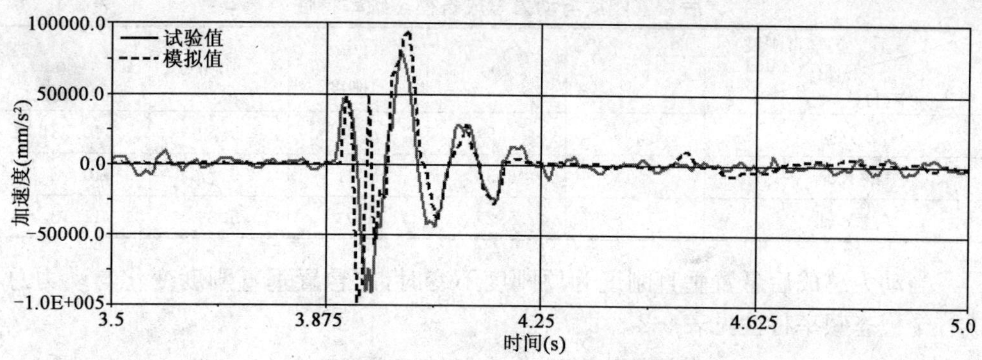

图 9-11 前桥上 Z 向加速度

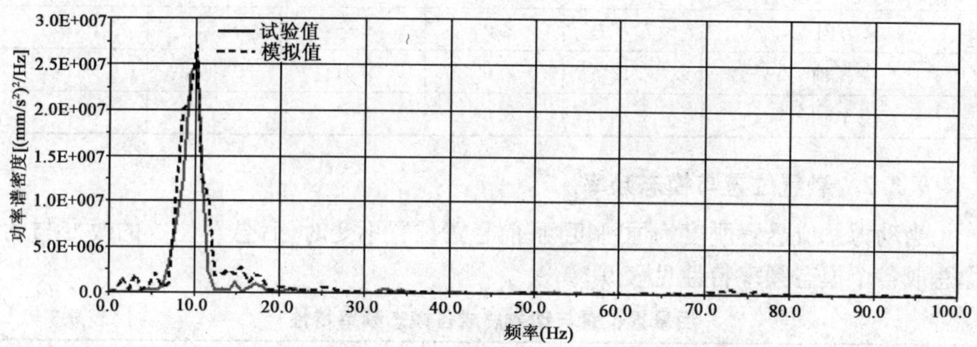

图 9-12 前桥上 Z 向加速度功率谱密度

从模拟曲线和统计结果可以看出，模拟结果与试验结果吻合得较好，且误差符合工程建模的标准，验证了所建的模型是正确的。

9.2 动力总成悬置刚度、位置与模态频率

分析动力总成前、后悬置刚度和位置与动力总成各模态频率特性，并考虑到旋转件、路面激励以及前、后桥固有频率特性的影响，确定出动力总成的固有模态频率变化范围，最后得出动力总成前、后悬置刚度和位置变化的允许值。

9.2.1 悬置刚度与模态频率

当动力总成前悬置垂直刚度为原刚度不变时，后悬置垂直刚度变化与动力总成各个模态频率特性见表 9-1。

后悬置刚度与动力总成各模态频率特性　　表 9-1

后悬置垂直刚度(N/mm) 模态频率(Hz)	500	700	873 (原刚度)	1000	1200
Z 方向	6.36	6.97	8.86	9.59	10.73
绕 X 轴	5.17	6.36	8.21	9.27	10.02
绕 Y 轴	7.48	8.27	9.03	9.86	11.18

当动力总成后悬置垂直刚度为原刚度不变时，前悬置垂直刚度变化与动力总成各个模态频率特性见表 9-2。

前悬置刚度与动力总成各模态频率特性　　表 9-2

前悬垂直置刚度(N/mm) 模态频率(Hz)	400	600	722 (原刚度)	900	1100
Z 方向	7.76	8.03	8.86	9.51	10.02
绕 X 轴	7.12	7.65	8.21	9.17	9.14
绕 Y 轴	8.18	8.64	9.03	9.62	10.73

9.2.2　悬置位置与模态频率

当动力总成悬置刚度为原刚度，且前悬置位置不变时，后悬置位置的改变与动力总成各个模态频率特性见表 9-3。

后悬置位置与动力总成各模态频率特性　　表 9-3

后悬置位置 模态频率(Hz)	原位置	向 X 轴负向移动 200mm	向 X 轴负向移 300mm	向 X 轴负向移 400mm	向 X 轴负向移 500mm
Z 方向	8.86	8.91	8.95	9.02	9.08
绕 X 轴	8.21	8.45	8.82	8.91	9.02
绕 Y 轴	9.03	9.16	9.27	9.42	9.71

当动力总成悬置刚度为原刚度，且后悬置位置不变时，前悬置位置的改变与动力总成各个模态频率特性见表 9-4。

前悬置位置与动力总成各模态频率特性　　表 9-4

前悬置位置 模态频率(Hz)	原位置	向 X 轴负向移动 50mm	向 X 轴负向移动 100mm	向 X 轴负向移动 150mm
Z 方向	8.86	8.85	8.85	8.85
绕 X 轴	8.21	8.21	8.20	8.20
绕 Y 轴	9.03	9.03	9.02	9.02

从表 9-1～表 9-4 可以看出,前、后悬置刚度变化对动力总成各模态频率的影响比位置变化明显,可以考虑通过变动前、后悬置垂直刚度来改变动力总成固有模态频率。

9.3 旋转件及路面激励频率特性

9.3.1 发动机激励频率

用转速表测出发动机怠速时的转速为 686r/min,最高车速对应的发动机转速为 2303r/min。因此,发动机 3 阶以内的激励频率分布是 11.4～115Hz,如图 9-13 所示。

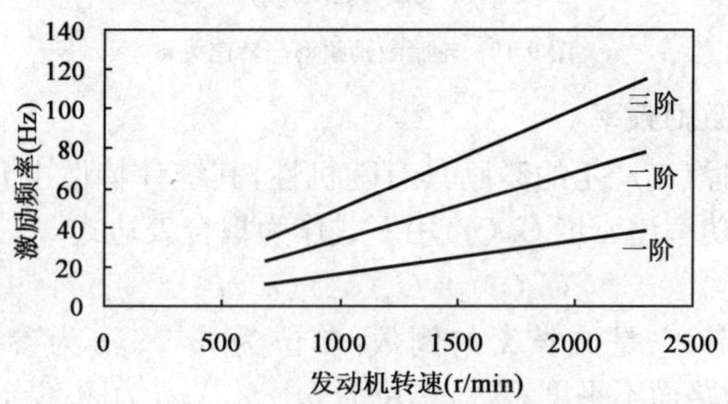

图 9-13 发动机激励频率与转速关系

9.3.2 传动轴激励频率

车速较低时,传动轴激励激起的能量很小,只考虑高挡位时传动轴的激励。由于四挡时的最低车速为 35km/h,根据挡位的速比算出传动轴的转速范围是 963～2805r/min,所以传动轴激励频率的分布是 16～93.4Hz,如图 9-14。

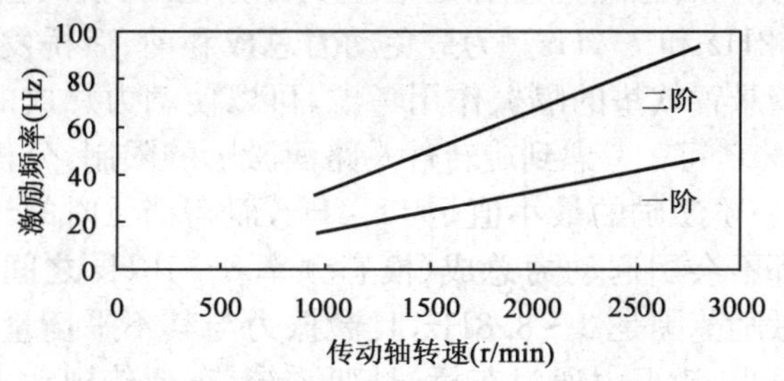

图 9-14 传动轴激励频率与转速关系

9.3.3 轮胎激励频率

四挡最低车速为 35km/h 时轮胎的转速范围是 182～531r/min,所以对应轮胎一阶激励的频率分布是在 3～8.8Hz 之间,如图 9-15 所示,轮胎二阶以上激励能量较小，不予考虑。

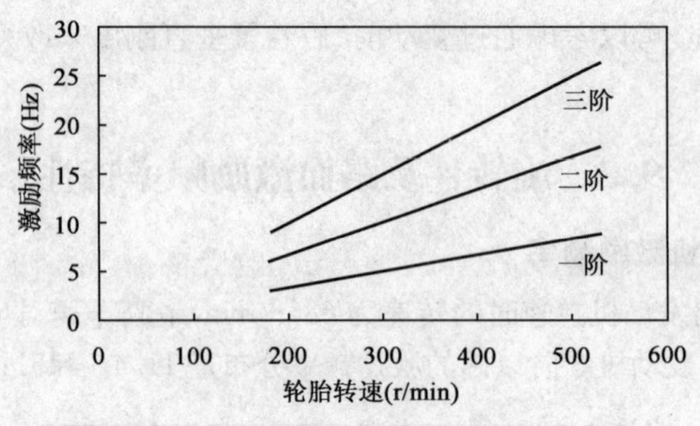

图 9-15　轮胎激励频率与转速关系

9.3.4　路面激励频率

路面的不平对汽车产生的激励具有随机性，其统计特性主要采用路面功率谱密度来描述，路面功率谱密度 $G_q(n)$ 用下式作为拟合表达式

$$G_q(n)=G_q(n_0)(n/n_0)^{-\omega} \tag{9-14}$$

式中，n 为空间频率，它是波长 λ 的倒数，单位为 m^{-1}；n_0 为参考空间频率，$n_0=0.1m^{-1}$；$G_q(n_0)$ 为路面不平度系数，单位为 m^2/m^{-1}；ω 为频率指数。

车速为 u 时，空间频率功率谱密度 $G_q(n)$ 换算为时间频率功率谱密度 $G_q(f)$ 为

$$G_q(f)=G_q(n)/u \tag{9-15}$$

由路面不平度的分级图及 $f=un$，可计算得路面激励的最高频率为 56.6Hz 左右，因此路面激励只是在低频范围内才有较明显的激励响应。路面激励将是动力总成系统共振的主要激励，这是不可避免的。

当动力总成的前、后悬置垂直刚度、位置为原始值时，由试验可知前、后桥的固有频率分别为 10.2Hz 和 7.8Hz。为避免动力总成和前、后桥发生共振，从动力总成的动挠度和橡胶悬置软垫的隔振作用考虑，可以使动力总成的固有模态频率初步确定在 8～10Hz 之间。考虑到旋转件及路面激励的限制，分析图 9-13～图 9-15 可以看出，发动机一阶激励的最小值是 11.4Hz，而高挡位时的传动轴一阶激励的最小值是 16Hz，都不会引起动力总成（模态频率 8～10Hz 之间）的共振。由于高挡位时轮胎一阶激励范围是 3～8.8Hz，且激振力与其不平衡量及转速有关，车速较低时激振力也较小，激振力通过车桥、悬架系统、车架传到动力总成时激起的能量很小，所以可只考虑高速时 8Hz 以上部分，把固有频率范围下限提高到 9Hz 就可以避免轮胎一阶激励引起的共振。

把动力总成的固有模态频率控制在 9～10Hz 之间较合理。前、后悬置位置的改变不能使动力总成的固有模态频率达到 9～10Hz 之间，只考虑动力总成垂直刚

度对固有模态频率的影响，模拟计算结果见表 9-5。

动力总成悬置垂直刚度与固有模态频率 表 9-5

固有模态频率(Hz)	前悬置垂直刚度(N/mm)	后悬置垂直刚度(N/mm)
9	781	922
9.4	846	977
9.8	1078	1054
10	1095	1069

9.4 动力总成悬置刚度影响

按表 9-5 的动力总成固有模态频率与刚度的变化关系，可以在 9～10Hz 之间取不同刚度值，车速为 50km/h 时的功率谱密度响应曲线如图 9-16～图 9-20。

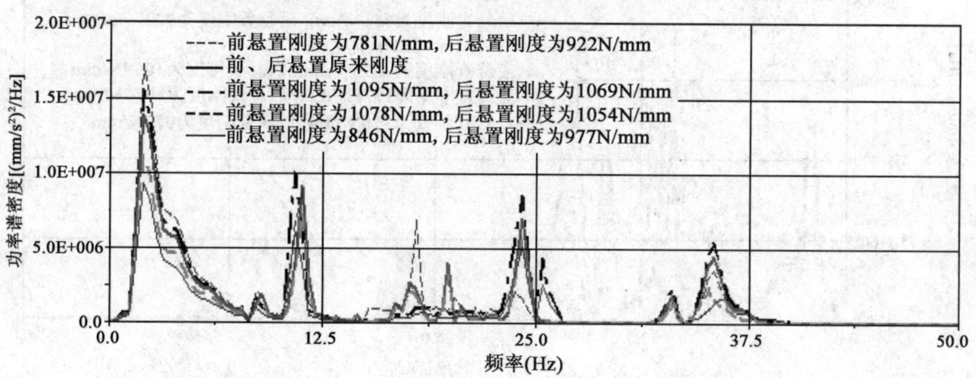

图 9-16 车架上(前桥轴头正上方)Z 向加速度功率谱密度

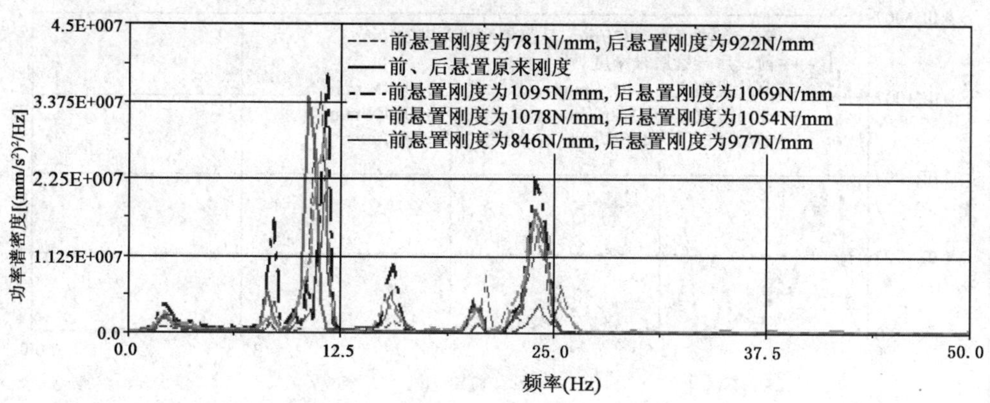

图 9-17 发动机缸体上 Z 向加速度功率谱密度

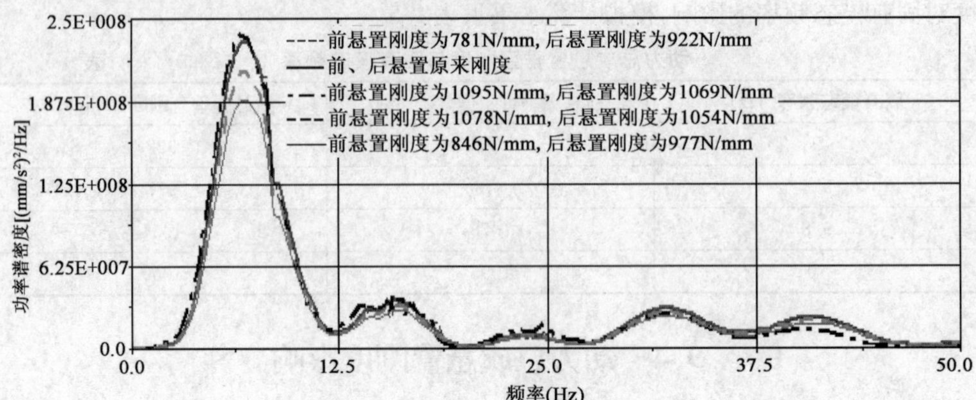

图 9-18　后桥上 Z 向加速度功率谱密度

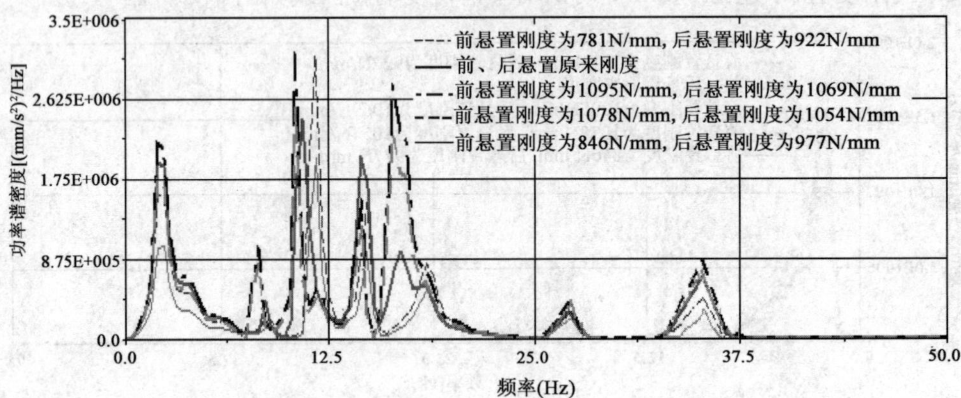

图 9-19　驾驶室底板上 Z 向加速度功率谱密度

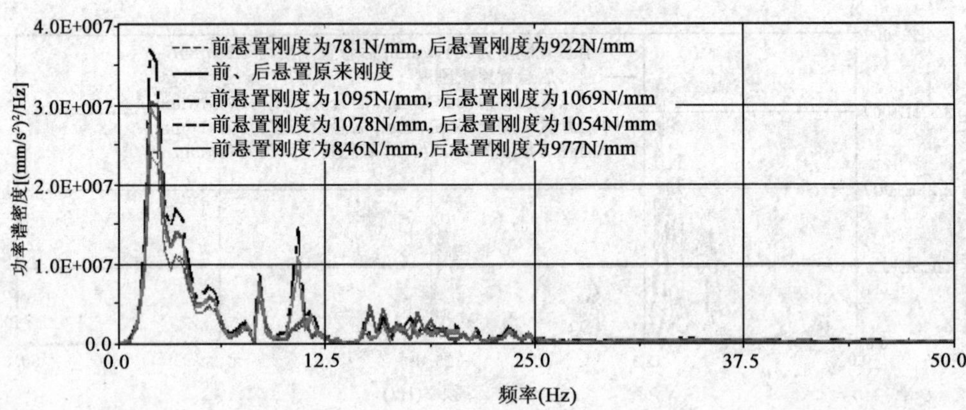

图 9-20　前桥上 Z 向加速度功率谱密度

从图 9-16～图 9-20 各测点的加速度功率谱密度曲线可以看出，原车动力总成前、后悬置刚度的匹配不够合理。当动力总成前、后悬置的垂直刚度分别为 846N/mm和 977N/mm 时，各测点由路面激励引起的响应峰值及共振峰值都明显减小。车架上，发动机一阶激励(36Hz)的功率谱密度响应峰值从 5.3 $(m/s^2)^2/Hz$ 减小到 2.1 $(m/s^2)^2/Hz$；在驾驶室底板上，发动机一阶激励的响应峰值从 0.875 $(m/s^2)^2/Hz$ 减小到 0.38 $(m/s^2)^2/Hz$。在发动机刚体上，传动轴一阶激励(23Hz)引起的峰值从 22.5 $(m/s^2)^2/Hz$ 减小到 5.4 $(m/s^2)^2/Hz$。

当动力总成前、后悬置垂直刚度分别从 846N/mm 和 977N/mm 开始增加或减少时，车架、驾驶室底板上，发动机一阶激励及发动机刚体上的传动轴一阶激励的响应峰值都明显增大，而动力总成前、后悬置垂直刚度的变化对前、后桥的振动并没有太大影响。因此，动力总成前、后悬置的垂直刚度分别为 846N/mm 和 977N/mm左右为最好，这样既可以避免动力总成与前、后桥发生共振，使发动机、传动轴一阶激励响应峰值减小，又可以减小由路面激励引起的响应峰值及共振峰值。为避免动力总成与前、后桥发生共振，并考虑到各旋转件及路面激励频率的限制，可以把动力总成的固有模态频率控制在 9～10Hz 之间。

9.5 中间支撑刚度与模态频率

计算得到动力总成前、后中间支撑垂直刚度与中间支撑系统固有模态频率特性见表 9-6 和表 9-7。

前中间支撑垂直刚度与中间支撑系统固有模态频率特性　　表 9-6

前中间支撑垂直刚度(N/mm) / 固有模态频率(Hz)	800	1000	1125（原刚度）	1300	1500
Z 方 向	12.3	13.2	13.9	14.7	15.6

后中间支撑垂直刚度与中间支撑系统固有模态频率特性　　表 9-7

后中间支撑垂直刚度(N/mm) / 固有模态频率(Hz)	900	1100	1280（原刚度）	1400	1600
Z 方 向	21.1	23.2	24.7	25.8	27.5

从表 9-6 和表 9-7 可以看出，动力总成前、后中间支撑垂直刚度为原刚度时，前、后中间支撑系统的固有频率分别为 13.9Hz 和 24.7Hz，均比动力总成及前、后桥的固有频率高，因此它们不会发生共振。

在设计中间支撑时，应合理选择其橡胶弹性元件的径向刚度，使固有频率 $f_{固}$ 对应的临界转速 $n_{临}=60f_{固}$(单位为 r/min)尽可能低于传动轴的常用转速范围，以免发生共振，保证良好的隔振效果。

由表 9-6 和表 9-7 可知，前中间支撑系统的 Z 向固有模态频率(对应的临界转速为 834r/min)小于后中间支撑系统(对应的临界转速为 1482r/min)，传动轴的常用转速范围要求是 1380r/min～2200 r/min，可以考虑后中间支撑系统的固有频率，使其对应的临界转速低于传动轴的常用转速即可。因此，应减小后中间支撑刚度，其临界转速才能满足要求。

9.6 中间支撑刚度影响

经上述分析，可以保证前中间支撑刚度不变，后中间支撑系统的 Z 向固有模态频率减少为 22Hz、21Hz、20Hz，对应后中间支撑刚度分别为 1011N/mm、896N/mm、788N/mm。以车速 50、70、90km/h 进行计算，车速为 50km/h 时的功率谱密度响应曲线如图 9-21～图 9-25。

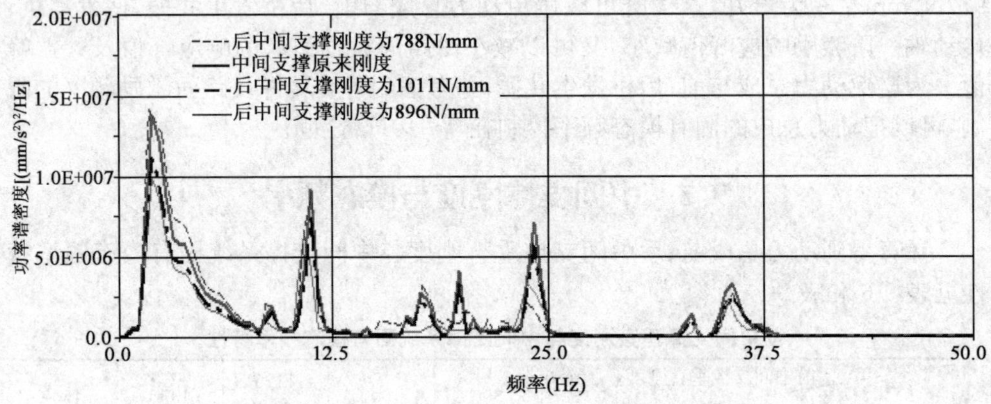

图 9-21 车架上(前桥轴头正上方)Z 向加速度功率谱密度

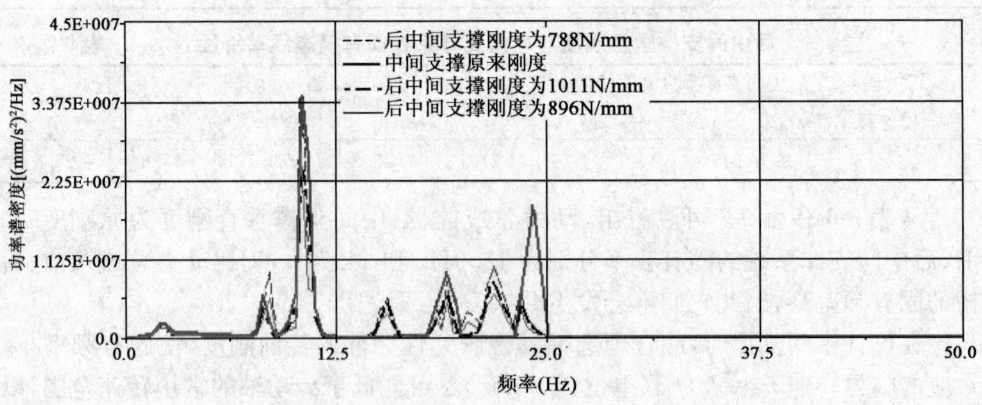

图 9-22 发动机缸体上 Z 向加速度功率谱密度

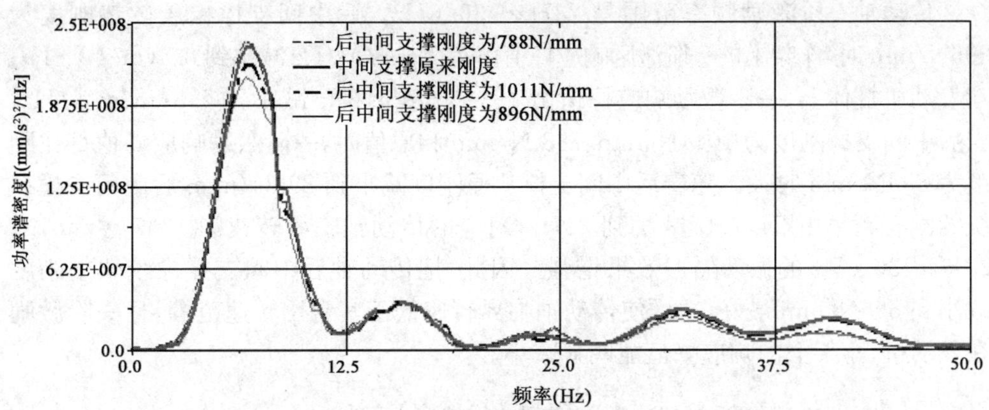

图 9-23 后桥上 Z 向加速度功率谱密度

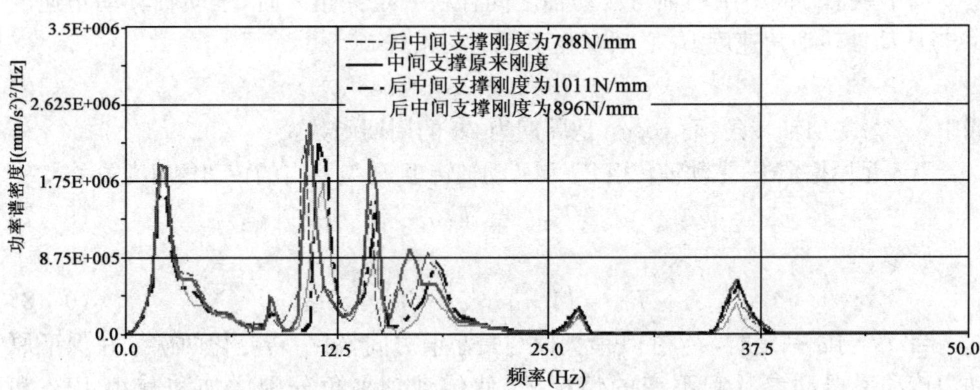

图 9-24 驾驶室底板上 Z 向加速度功率谱密度

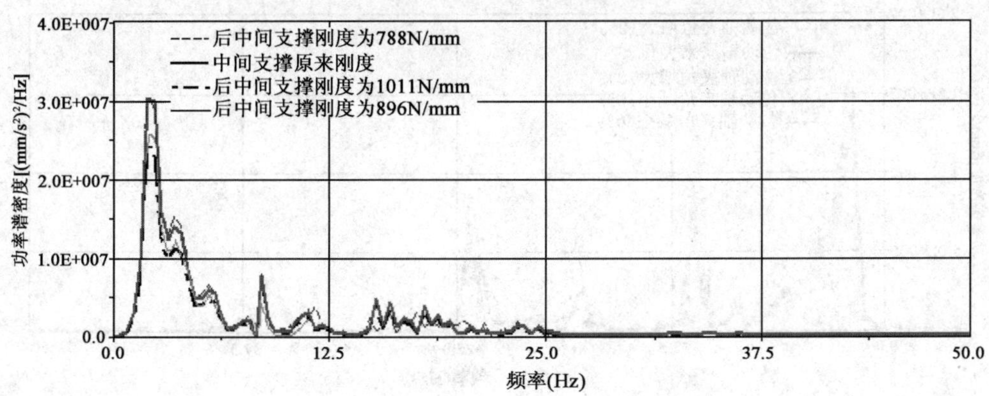

图 9-25 前桥上 Z 向加速度功率谱密度

传动轴一阶激励频率范围是 23Hz～36.6Hz。后中间支撑橡胶软垫刚度为 896N/mm 时，车架上的一阶激励响应峰值由 7.2$(m/s^2)^2$/Hz 减小到 3.4$(m/s^2)^2$/Hz；在发动机缸体上，一阶激励响应峰值由 19.4$(m/s^2)^2$/Hz 减小到 5.3$(m/s^2)^2$/Hz。当后中间支撑刚度为 1011N/mm、788 N/mm 和原值时，一阶激励响应峰值都比刚度为 896N/mm 时大。随着后中间支撑从原刚度减小到 896N/mm，后中间支撑系统的固有频率由 24.7Hz 减小到 21Hz，对应的传动轴临界转速为 1260 r/min，对 23Hz～36.6Hz 的振动隔振效果增强。因此，把传动轴后中间支撑橡胶软垫刚度减小到 896N/mm 最好，这样使传动轴临界转速低于其常用转速范围，且一阶激励在发动机、车架上的响应峰值能明显减小。

9.7 传动轴夹角影响

当十字轴万向节主动轴与从动轴之间存在一定夹角 α 时，主动轴转动角速度 ω_1 与从动轴转动角速度 ω_2 之间存在下面的关系式

$$\omega_2/\omega_1 = \cos\alpha/(1-\sin^2\alpha\cos^2\varphi_1) \tag{9-16}$$

式中，φ_1 为主动轴转角，而 $\cos\varphi_1$ 是周期为 2π 的周期函数。

若不记摩擦损失，主动轴转矩 T_1 和从动轴转矩 T_2 与各自的转动角速度关系式为

$$T_1\omega_1 = T_2\omega_2 \tag{9-17}$$

所以

$$T_2/T_1 = (1-\sin^2\alpha\cos^2\varphi_1)/\cos\alpha \tag{9-18}$$

当 T_1 与 α 一定时，T_2 在其最大值与最小值之间，每一转变化两次。在保证原动力传动系振动参数都不变的情况下，使传动轴夹角分别增加和减小 10%和 20%，车速为 50km/h 时的响应曲线如图 9-26～图 9-30 所示。

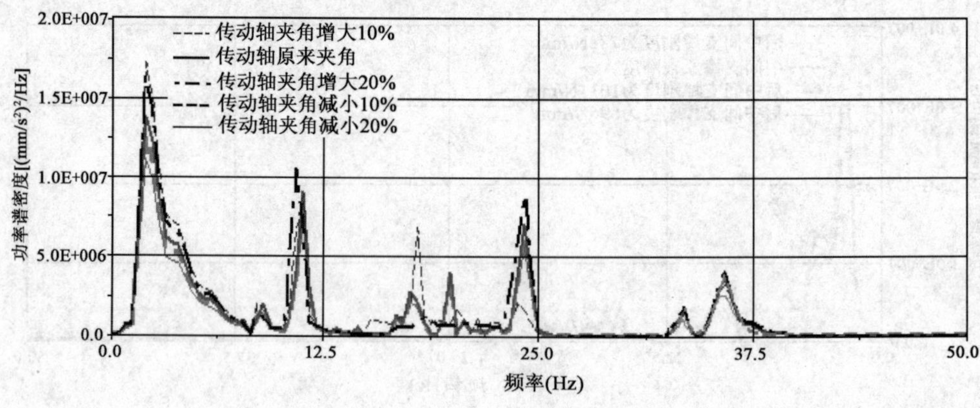

图 9-26 车架上(前桥轴头正上方)Z 向加速度功率谱密度

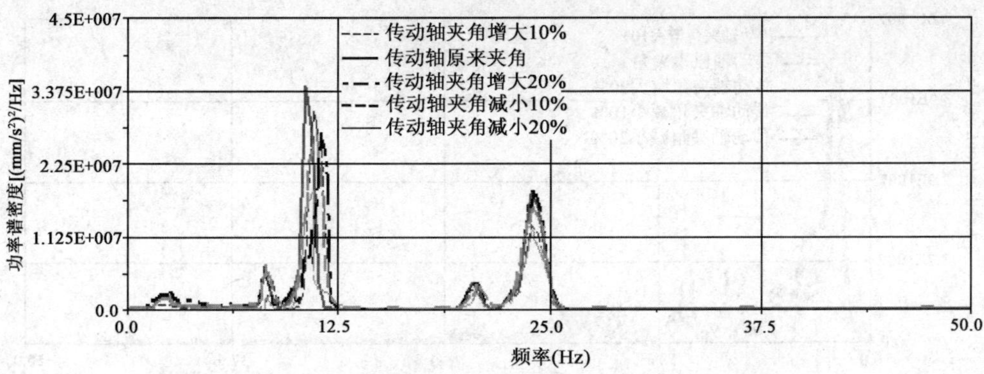

图 9-27　发动机缸体上 Z 向加速度功率谱密度

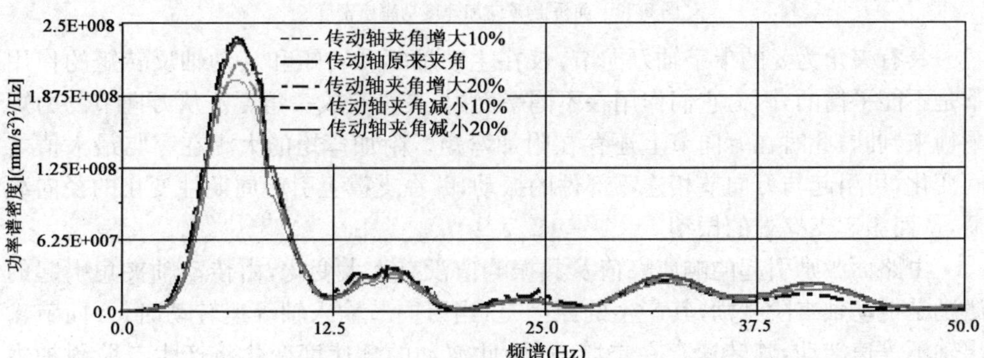

图 9-28　后桥上 Z 向加速度功率谱密度

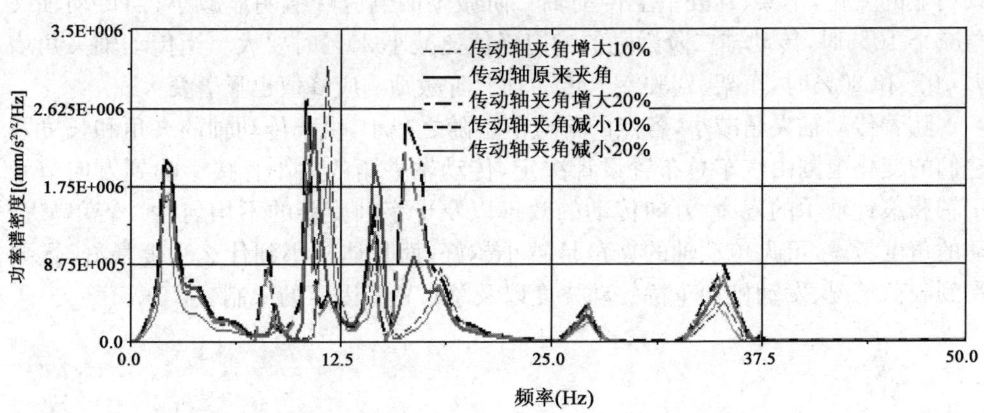

图 9-29　驾驶室底板上 Z 向加速度功率谱密度

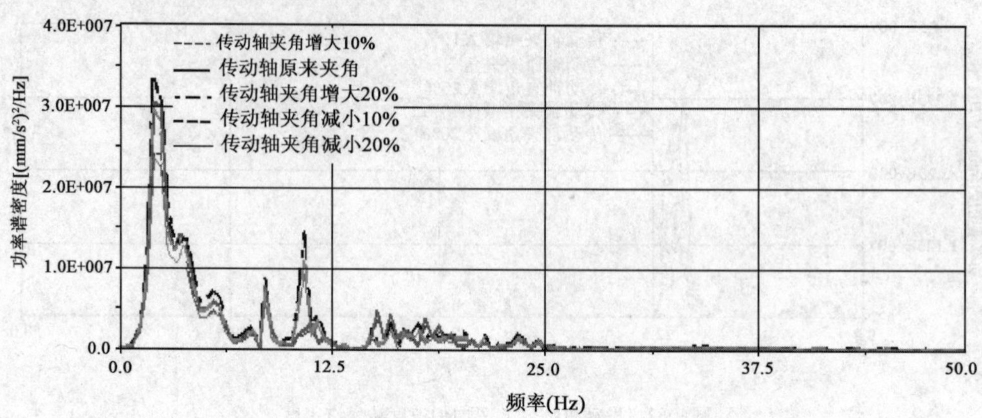

图 9-30　前桥上 Z 向加速度功率谱密度

具有夹角为 α 的十字轴万向节，仅在主动轴驱动转矩和从动轴反转矩的作用下是不能平衡的，因为它们作用在不同平面内，矢量互成一角度。从万向节的力矩平衡来判断，此时在万向节上还存在附加弯矩。附加弯矩的大小在零与最大值之间变化，可引起与万向节相连零部件的振动，并在支撑上引起周期性变化的径向载荷，从而激起支撑处的振动。

由路面激励引起的响应峰值及共振峰值没有太大变化，由传动轴夹角引起的激励是传动轴二阶激励，其产生的原因是：当万向节输入轴等速转动时，万向节输出轴不等速转动，其转速存在二阶波动，此波动的角速度变化将产生二阶附加力矩，此力矩使传动系产生振动。当传动轴夹角减小 20%时，传动轴二阶激励没有太明显的变化，车架、驾驶室上传动轴二阶激励的响应峰值明显减小；当传动轴夹角减小 10%时，传动轴二阶激励的响应峰值比减小 20%时要大。当传动轴夹角增大 10%和 20%时，车架、驾驶室上传动轴二阶激励响应峰值也显著变大。

随着传动轴夹角减小，各点的响应值也随之减小，由于传动轴的夹角和长度及它们的变化范围由汽车总布置设计决定，传动轴夹角的大小直接影响到万向节十字轴和滚针轴承的寿命、万向传动的效率以及十字轴旋转的不均匀性。若单从振动的角度考虑，可见传动轴的夹角是越小越好，而具体应小到什么程度最好，还要受到载荷情况、发动机和车桥的动挠度以及总布置等因素的限制。

文中的符号定义

C	Neuber 常数
D	疲劳总累积损伤
D_1、D_2	强化路面和用户使用典型路面损伤因子统计量
E	弹性模量
$F(L)$	威布尔分布累积分布函数
F_1、F_2	强化路面和用户使用典型路面频率因子统计量
K	载荷等级
K'	循环强度系数
K_f	疲劳缺口系数
K_T	理论应力集中系数
K_σ	应力集中系数
K_ε	应变集中系数
$K_{\Sigma i}$	汽车试验场第 i 种强化路加速系数
L	疲劳寿命里程
L_0	载荷谱的测定里程
L_C	用户总疲劳寿命里程
L_{PH}	满载条件下疲劳寿命里程
L_{PL}	空载条件下疲劳寿命里程
L_s	平坦路面疲劳寿命里程
L_m	中等不平路面疲劳寿命里程
L_e	极端不平路面疲劳寿命里程
$L_{用户}$	用户使用条件下的寿命里程
L_{Ri}	汽车试验场第 i 种强化路循环 1 周的里程
N_0	疲劳极限对应的疲劳寿命
N_i	S-N 曲线上对应于第 i 级应力的破坏循环次数
N_f	疲劳寿命
$(N_f)_i$	第 i 级载荷下疲劳寿命
S_j	某一构件在各路段内单独行驶时的寿命里程
S_y	某一构件在用户使用典型路面条件下的寿命里程
W_a	质量调整因数
W_{ACQ}	用户典型路面车辆总质量
W_H	用户车辆满载总质量
W_L	用户车辆空车总质量
W_R	用户调查的车辆总质量

X_{ji}	试验场第 i 种路面雨流矩阵幅值落在第 i 区间的循环数
Y_j	90%用户雨流矩阵幅值落在第 i 区间中的循环数
a	Neuber-Kuhn 材料参数
b	疲劳强度指数
c	疲劳塑性指数
Δe	名义应变幅值
f_s	平坦路面占总行驶里程的百分比
f_m	中等不平路面占总行驶里程的百分比
f_e	极端不平路面占总行驶里程的百分比
k	汽车试验场路面总数
m'	疲劳指数，即 S-N 曲线左段斜线倾角的余切
m_i	汽车试验场第 i 种强化路总循环次数
n	载荷幅值的总区间数
m	试验时的样本容量
n_0	载荷谱测定里程内的雨流计数法计数后的应力循环数
n_i	第 i 级载荷下实际载荷循环次数
n_t	各级载荷作用的总循环数
n'	循环应变硬化指数
u_P	与概率 P 相关的标准正态偏量
x_i	样本观测值
β	威布尔分布的斜率或形状参数
β_i	汽车试验场各种路面及事件的比例系数
γ	威布尔分布的最小寿命特性参数或位置参数
ε	局部应变
$\Delta\varepsilon$	局部应变幅值
ε_{ai}	应变幅值
ε_{mi}	应变均值
ε'_f	疲劳塑性系数
η	威布尔分布的寿命特性参数或尺度参数
θ_i	第 i 级应力幅水平下的频次
μ_P	正态分布母体的均值
ρ	疲劳缺口根部半径
σ	局部应力
$\Delta\sigma$	局部应力幅值
σ'_f	疲劳强度系数
σ_b	抗拉强度极限
σ_a	应力幅值
σ_{ai}	第 i 个应力幅值
σ_i	第 i 个应力等效的零平均应力

σ_m	平均应力
σ_{mi}	第 i 个应力均值
σ_p	正态分布母体的标准差
σ_{-1}	对应于在对称循环载荷作用下 N_0 周次疲劳极限
ω_i	程序载荷谱中对应于第 i 级应力幅的循环数

参考文献

[1] 王秉刚.汽车可靠性工程方法[M].北京:机械工业出版社,1991.

[2] 何国伟.可靠性试验技术[M].北京:国防工业出版社,1995.

[3] Robert W. Hanse. Application of reliability growth model during light truck design and development[C]//SAE Paper 780240.

[4] Rider R L,Landgraf R W. Reliability analysis of an automobile wheel assembly[C]//SAE Paper930406.

[5] Thomas Ruder,Klaus Dressler,Bernhard Grinder. Optimal Configuration of Test Schedules[M],2000 JSAE Spring Convention,Yokohama,Japan. 2000.

[6] 郭虎,陈文华,樊晓燕,等. 汽车试验场可靠性试验强化系数的研究[J]. 机械工程学报,2004,40(90):74-76.

[7] Lev M. Klyatis. The Strategy of Accelerated Reliability Testing Development for Car Components[C]//SAE Technical Paper 2000-01-1195.

[8] Hari N. Agrawal. Durability analysis of full automotive body structures[C]//SAE Paper 930568.

[9] Ensor D F. 关联用户用途的试车技术[J]. 中国机械工程,1998,9(11):24-26.

[10] Kawamura A,Naka S j ima,Nakatsu T j i. Prediction for Truck Endurance from the Basis of Road Profile Measurements [C] // SAE Technical Paper 982788.

[11] 陈北东,黎斌,廖开贵,魏秦文,刘竞成. 基于蒙特卡罗改进算法的非线性可靠度研究[J]. 钻采工艺,2007,30(5):86-88.

[12] 吴碧磊. 重型汽车动力学性能仿真研究与优化设计[D]. 吉林大学博士学位论文,2008.

[13] 门玉琢,李显生,于海波. 与用户相关的汽车可靠性试验新方法[J]. 机械工程学报,2008,44(2):223-229.

[14] Muddiman M W, Moore G R. Structural correlation of automotive proving ground to China customer field usage[R]. USA: UltiTech Corporation, 2003.

[15] Campean F. Vehicle foresigh customer correlation of engine components tests using life prediction modeling[C]//SAE 2002 World Congress. Michigan:Society of Automotive Engineers,2002:108-113.

[16] 姚卫星. 结构疲劳寿命分析[M]. 北京:国防工业出版社,2003.

[17] Bannantine J A,Comer J J,Handrock J L. Fundamentals of metal fatigue analysis[M]. New Jersey:Prentice Hall, Englewood Cliffs, 2004:168-183.

[18] Nagpal R,Kuo E Y. A Time-Domain Fatigue Life Prediction Method for Vehicle Body Structures[C]//SAE Technical Paper 960567.

[19] 李鹏. 汽车试验场道路强化系数的研究[D]. 吉林大学硕士学位论文,2008.

[20] Smith K. V. Cumulative Damage Approach to Durability Route Design[C]//SAE Paper 791033.

[21] Cawte R. Using Test Feedback to Improve the Accuracy of FE Results for Fatigue Predictions E-I-S Simulation[C]. Test and Measurement Conference October 2001.

[22] Ensor D F. Developing an Accelerated Durability Schedule on MIRA Proving Ground Equivalent to 95% Usage in China E-I-S Simulation[C]. Test and Measurement Conference October 2001.

[23] Ensor D F. Damage Intensity Concept Technical Paper[C]. Compumod Users Conference Melbourne Australia 1999.

[24] Lalanne C. Fatigue Damage [J]. Mechanical Vibration and Shock, 2002, 4(6):157-161.

[25] Cormen T H. The simplex algorithm Introduction to Algorithms[M]. USA:MIT Press 2001.

[26] 李晨阳,道路相关及加速耐久性行驶试验规范开发[J]. 上海汽车,2006(06):29-32.

[27] 董乐义,罗俊. 雨流计数法及其在程序中的具体实现[J]. 计算机技术与应用,2004,24(3):38-40.

[28] 阎楚良,卓宁生,高镇同. 雨流计数实时模型[J]. 北京航空航天大学学报,1998,24(5):623-624.

[29] Bernhard Grunder,Michael Speckert,Mark Pompetzki. Design of Durability Sequence Based on Rainflow Matrix Optimization[C]//SAE Technical Paper 980690.

[30] Bishop N W M,Frank Sherratt. Fatigue life prediction from power spectral density data,Part 2:recent developments[J]. Environmental Engineering, 1989,2(2):11-15.

[31] 刘义伦. 不同计数法对计算疲劳寿命的影响[J]. 中南工业大学学报,1996,

27(4):472-474.

[32] Thomas Bruder, Klaus Dressler, Bernhard Grunder. Optimal Configuration of Test Schedules[C]. 2000 JSAE Spring Convention. Yokohama, Japan. 2000.

[33] Binroth W. Development of Reliability Prediction Models for Electronic Components in Automotive Applications [C] // SAE Technical Paper 840486.